스티븐 호킹의
**청소년을 위한 시간의 역사**

THE THEORY OF EVERYTHING by Stephen Hawking.

스 티 븐 호 킹 의

청소년을위한

# 시간의역사

| **스티븐 호킹** 지음 |
| **전대호** 옮김 |
| **이명균**(서울대학교 물리천문학부 교수) 감수 |

웅진 지식하우스

# 호킹을 꿈꾸는
# 모든 이를 위하여

이명균 (서울대학교 물리천문학부 교수)

  스티븐 호킹은 재주꾼이다. 블랙홀과 우주에 대한 전문적인 연구를 수행하면서도, 전문가도 이해하기 어려운 개념들을 일반인들이 이해할 수 있게 설명하는 열정과 재주를 가지고 있다. 본인이 호킹의 강연을 처음으로 들은 것은 거의 20년 전 미국 캘리포니아 공과대학에서였다. 많은 청중들이 몰려들었고, 호킹은 영화와 같은 분위기로 무대 위로 등장해 매우 인상적인 강연을 펼쳤다. 호킹의 열정적인 모습에 깊은 감명을 받았음은 물론이다.

  이 책은 스티븐 호킹이 《시간의 역사》를 출간한 후, 케임브리지대학에서 일반 대중에게 현대 우주론을 강연했던 내용을 책으로 엮은 것이다. 강연의 특성상 《시간의 역사》의 중요 내용은 그대로 담으면서도 지나치게 전문적이거나 난해한 부분이 없기 때문에 청소년이나 일반 대중독자들이 쉽게 읽어나갈 수 있을 것이다.

호킹은 이 책에서 우주와 시간이라는 흥미진진한 문제에 대하여 친절하게 강의를 하고 있다. 우주의 시작은 어떠했을까? 우주는 어떻게 팽창할까? 우주의 운명은 어떻게 될까? 블랙홀의 정체는 무엇인가? 블랙홀이 완전히 검을까? 시간의 화살은 뒤집힐 수 있을까? 우주를 모두 설명하는 만물 이론은 있을까? 독자들은 이 책을 읽으면서 이 물음들에 대한 답을 듣게 될 것이다.

호킹은 《시간의 역사》라는 책으로 일반인들에게 유명해졌지만, '시간의 역사'라는 말은 그 자체로는 이해하기 어렵다. 일반적으로 '역사'라 하면 어떤 현상과 주체가 시간에 따라 변하는 과정을 말한다. 인간의 역사, 우주의 역사 등이 있을 수 있다. 그런데 '시간의 역사'는 시간이 시간에 따라 변하는 과정이 되니, 이해하기가 힘들다. 그가 말하는 '시간의 역사'란 '우주의 역사의 역사'를 말한다.

우주의 역사는 인류의 역사 전체에 걸쳐 많은 사람들의 관심의 대상이었다. 그러나 지구에 발을 붙이고 사는 인간이 광대한 우주의 역사를 밝히는 것은 쉽지 않다. 20세기에 들어와서야 우주의 역사 연구에 많은 진전이 생겼다. 그러나 우주의 역사를 자세히 밝히는 것은 여전히 어려워 최근까지도 이 연구는 뜬구름 잡기와 같다고 여겨졌다.

그러나 호킹이 《시간의 역사》라는 책을 낸 지 10년 후인 1998년에 우주의 역사 연구에 놀라운 사건이 일어났다. 먼 은하에 있는 초신성 관측으로 우주가 오늘날 가속 팽창하고 있음이 밝혀진 것이다. 우주가 팽창하고 있다는 것은 1929년에 미국의 천문학자 에드윈 허블에 의해서 알려졌다. 그런데 이 우주가 그냥 팽창하는 것이 아니라 팽창속도가 점점 빨라지고 있다는 것이었다.

우주가 가속 팽창을 하고 있다는 것은 물질을 끌어당기는 중력보다 강한 그 무엇이 있다는 것을 의미하는데, 우리는 이를 암흑에너지라고 부른다. 암흑에너지는 우주 전체 에너지의 대부분인 73퍼센트를 차지하고 있다. 우주에 있는 물질의 대부분은 빛을 내지 않는 암흑물질이며, 이 암흑물질은 우주 전체 에너지의 23퍼센트를 차지한다. 우리가 보통 알고 있는 물질은 전체 에너지의 4퍼센트에 불과하다.

놀라운 사실은 우주의 대부분을 차지하고 있는 암흑에너지와 암흑물질의 정체에 대해 별로 알려진 바가 없다는 것이다. 아마 호킹도 이를 밝혀내기 위해 열심히 노력하고 있을 것이다. 독자 여러분 중에 누군가 암흑에너지 또는 암흑물질의 정체를 밝혀낸다면 당장 노벨상을 받게 될 것이다.

우주의 나이는 얼마나 될까? 호킹이 이 강연에서 사용하고 있는 값은 100~200억 년이다. 오늘날 천문학자들이 측정한 우주의 나이는 137억 년이며, 그 오차는 1억 년이다. 출생 기록을 가지고 있지 않은 137세 노인의 연세를 얼마나 정확하게 측정할 수 있을까? 우주의 나이를 인간의 나이보다 더 정확하게 측정했다는 사실은 정말로 놀라운 일이다. 그래서 우주의 정보를 과거와 비교할 수 없을 정도로 정밀하게 측정할 수 있는 오늘날을 '정밀우주론의 시대'라고 부르고 있다. 더 이상 우주 역사 연구는 뜬구름 잡기가 아니라, '정밀과학'이 된 것이다.

이제 호킹이 빅뱅과 블랙홀, 우주에 대한 획기적인 이론을 발표한 지도 오랜 시간이 흘렀다. 천문학에 정통한 사람들이 아니더라도, 누구나 빅뱅과 블랙홀을 언급하는 시대가 되었다. 그러나 호킹이 다루고 있는 흥미진진한 주제들은 여전히 중요한 것들이다. 우주에 관심이 많은 청소년들이라면 반드시 알아야 할 이론이기도 하다. 우주에 대한 연구 성과는 지금 이 순간에도 끊임없이 새로워지고 있다. 이 책을 읽을 누군가가 스티븐 호킹의 뒤를 이어 새로운 우주 이야기를 하게 될 날을 기대해본다.

| 차 | 례 |

감수자의 말 | 호킹을 꿈꾸는 모든 이를 위하여    005

들어가는 말 | 강의를 시작하며    010

첫 번째 강의 **우주에 대한 생각들**    013

두 번째 강의 **팽창하는 우주**    030

세 번째 강의 **블랙홀**    058

네 번째 강의 **블랙홀은 완전히 검지는 않다**    092

다섯 번째 강의 **우주의 기원과 운명**    118

여섯 번째 강의 **시간의 방향**    153

일곱 번째 강의 **만물의 이론**    170

찾아보기    194

이미지 출처    198

# 강의를 시작하며

이 연속 강의에서 저는 빅뱅에서 블랙홀까지 우주의 역사에 대한 우리의 생각을 개략적으로 설명하려고 합니다. 첫 번째 강의는 옛날 사람들은 우주에 대해 어떻게 생각했는지, 또 우리가 어떻게 현재의 관점에 도달했는지 알아볼 것입니다. 이 강의에 '우주의 역사의 역사'라는 제목을 붙여도 좋겠군요.

두 번째 강의에서는 어떻게 뉴턴과 아인슈타인의 중력이론이 우주가 정적일 수 없다는 결론으로 우리를 이끌었는지 설명할 것입니다. 우주는 팽창하고 있거나 수축하고 있어야 합니다. 더 나아가 100억 년 전에서 200억 년 전 사이에 우주의 밀도가 무한대였던 시점이 있어야 하고요. 빅뱅이라고 불리는 그 시점은 우주의 시초였을 것입니다.

세 번째 강의에서는 블랙홀을 논할 것입니다. 블랙홀은 큰 별이나 그보다 더 큰 천체가 자체 중력으로 인해 붕괴할 때 형성되죠. 아인슈타인의 일반상대성이론에 따르면, 블랙홀로 뛰어드는 어리석은 사람은 누구든 영원히 사라지고 말 것입니다. 다시는 블랙홀 바깥으로 나오지 못할 테지요. 그런 사람에게 역사는 특이점에서 멈춰버릴 것입니다. 그러나 일반상대성이론은 고전 이론이죠. 다시 말해 양자역학의 불확정성 원리를 감안하지 않습니다.

네 번째 강의는 어떻게 양자역학이 블랙홀에서 에너지가 새어나오는 것을 허용하는지 살펴볼 것입니다. 블랙홀은 흔히 생각하는 것처럼 완전히 검지는 않죠.

다섯 번째 강의에서 저는 양자역학을 빅뱅과 우주의 기원에 적용할 것입니다. 그렇게 하면 시공이 크기가 유한하면서도 경계가 없을 수 있다는 생각에 도달하게 됩니다. 시공은 지구의 표면과 유사하면서 차원이 두 개 더 많다고 할 수 있습니다.

여섯 번째 강의는 이 새로운 경계 제안이 물리학 법칙들은 시간에 대하여 대칭적인데도 불구하고 왜 과거는 미래와 아주 다른지 설명할 수 있다는 것을 보여줍니다.

마지막 일곱 번째 강의에서는 양자역학과 중력, 그리고 기타 물리학에 등장하는 모든 상호작용들을 통합한 통일이론을 발견하려는 우리의 노력을 설명할 것입니다. 우리가 그 이론을 만들어낸다면, 우주와 그 속에서 우리의 위치를 확실하게 이해하게 될 것입니다.

**|일|러|두|기|**

1. 이 책은 Stephen Hawking, 《*The Illustrated Theory of Everything*》을 번역한 것이다.
2. 책 제목은《 》으로 묶고, 잡지 · 논문 등의 제목은〈 〉으로 묶었다.
3. 본문에서 원어는 대부분 생략하였고, 〈찾아보기〉에서 원어를 병기하였다.

첫 번째 강의

# 우주에 대한
# 생각들

오랜 시간 사람들은 지구가 평평하다고

생각하며 살았습니다. 그러나 아리스토텔레스와

프톨레마이오스에 의해 지구는 둥글고,

태양과 행성들이 지구 주위를

돌고 있다고 믿게 되었지요.

그러나 과연 지구가 우주의 중심이었을까요?

그리고 지구는, 우주는 언제 생겨난 것일까요?

　기원전 340년에 아리스토텔레스는 《천구들에 관하여》라는 책에서 지구가 평평한 판이 아니라 공 모양이라는 믿음을 뒷받침하는 훌륭한 논증 두 가지를 제시했습니다. 첫째, 그는 월식이 지구가 태양과 달 사이에 놓일 때 발생한다는 것을 깨달았습니다. 달에 드리운 지구의 그림자는 항상 둥근데, 그러려면 지구가 공 모양이어야만 합니다. 만약 지구가 평평한 원반이라면, 태양이 원반의 중심 위에서 곧바로 비추지 않을 때 월식이 일어날 경우, 지구의 그림자는 길게 늘어져 타원이 되어야 할 것입니다.

　둘째, 그리스인들은 여행의 경험을 통하여 남쪽 지방에서 보면 북쪽 지방에서보다 북극성의 고도가 더 낮다는 것을 알았습니다. 이집트에서

본 북극성과 그리스에서 본 북극성의 겉보기 위치 차이에 근거하여 아리스토텔레스는 지구의 둘레가 대략 40만 스타디움이라고 계산하기까지 했지요. 1스타디움이 정확히 얼마나 먼 거리인지는 알려져 있지 않지만, 대략 182미터일 것으로 짐작됩니다. 그렇다면 아리스토텔레스의 추정치는 현재 알려진 값의 두 배 정도입니다.

심지어 그리스인들은 지구가 둥글다는 것을 입증하는 세 번째 논증도 알고 있었습니다. 수평선 너머에서 다가오는 배를 보면, 먼저 돛대가 보이고 나중에야 선체가 보이는데, 지구가 둥글지 않다면 어떻게 그런 일이 생길 수 있을까요? **아리스토텔레스는 지구가 멈춰 있고, 태양과 달, 행성들**떠돌이별**, 별들이 지구 주위에서 원궤도를 그리며 움직인다고 생각했습니다.** 그렇게 믿은 이유는, 신비주의적인 근거에서 지구가 우주의 중심이며 원운동은 가장 완벽한 운동이라고 느꼈기 때문이죠.

이 생각은 서기 2세기에 프톨레마이오스에 의해 완전한 우주 모형으로 발전했습니다. 지구는 중심에 있었고, 지구를 둘러싼 8개의 구에 달과 태양, 별들과 당대에 알려진 5개의 행성들이 실려 움직였죠. 수성과 금성, 화성, 목성, 토성이 그 행성들이었습니다. 그는 행성들이 각자가 속한 구에 붙어 있는 작은 원 위에서 움직인다고 믿었는데, 이는 행성들의 매우 복잡한 겉보기 운동을 설명하기 위해서였습니다. 가장 바깥에 있는 구에 이른바 항성들이 실려 있는데, 항성들붙박이별은 서로에 대하여 항상 동일한 위치를 유지하면서 다 함께 하늘을 가로질러 회전했지요. 그 마지막 천구 너머에 무엇이 있는가는 명확하게 밝혀진 적이 없습니다. 그러나 그 영역은 인간이 관측할 수 있는 우주에 속하지 않는 것이 분명했지요.

프톨레마이오스의 모형은 천체들의 위치를 그런대로 정확하게 예측할 수 있는 시스템이었습니다. 그러나 그 위치들을 옳게 예측하기 위하여 프톨레마이오스는 달이 때때로 평소보다 지구에 두 배 가깝게 접근하는 경로로 움직인다고 전제해야 했습니다. 이는 달이 때때로 평소보다 두 배 더 크게 보여야 한다는 것을 의미했는데요. 프톨레마이오스도 이 결함을 알고 있었는데, 그럼에도 그의 모형은 대체로 받아들여졌습니다. 기독교 교회는 그의 모형을 《성경》 내용과 일치하는 우주상으로 채택했습니다. 그 모형은 항성천구 바깥에 천국과 지옥이 있을 넓은 공간을 남겨둔다는 커다란 장점이 있었지요.

그러나 1514년에 폴란드 성직자 니콜라우스 코페르니쿠스는 훨씬 더 단순한 모형을 제안했습니다. 처음에 그는 이단 혐의를 받을 것을 두려워하여 자신의 모형을 익명으로 발표했지요. **그가 생각하기로 태양은 중심에 멈춰 있었고, 지구와 행성들은 태양 주위를 원 궤도로 움직였습니다.** 안됐지만 그의 생각은 거의 100년이 지난 다음에야 진지하게 받아들여졌습니다. 그때 비로소 독일 천문학자 요한네스 케플러와 이탈리아 천문학자 갈릴레오 갈릴레이가 공개적으로 코페르니쿠스 이론을 지지하고 나섰습니다. 그 이론이 예측한 궤도들이 관측된

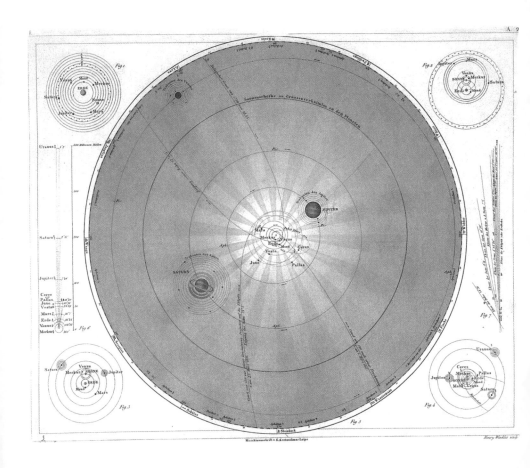

▲

행성 운동을 설명하기 위해 제안된 다양한 우수 모형들을 나타낸 역사적인 작품이다 중앙에 있는 것은 태양중심 모형으로 당대에 알려진 6개의 행성들과 거기에 딸린 위성들, 그리고 태양 주위를 도는 기타 천체들이 표현되어 있다. 2세기 이후 주도적인 모형은 지구중심의 프톨레마이오스 시스템(왼쪽 위)이었다. 그 모형은 1543년의 태양중심 코페르니쿠스 모형(오른쪽 아래)에 자리를 내주었다. 이집트 모형(왼쪽 아래)과 티코 브라헤의 모형(오른쪽 위)은 우주의 중심에 섯지한 지구를 두려 했다. 행성 궤도들의 세부는 오른쪽과 왼쪽에 표현되어 있다.

출처: 요한 게오르크 헤크Johann Georg Heck, 《그림 지도책Bilder Atlas》, 1860

궤도들과 정확히 일치하지 않았는데도 말이죠. 아리스토텔레스-프톨레마이오스 모형은 1609년에 이르러 종말을 맞았습니다. 그해에 갈릴레오는 막 발명된 망원경으로 밤하늘을 관측하기 시작했습니다.

목성을 관측한 그는 그 행성에 작은 위성들이 여럿 딸려 있음을 발견했습니다. 위성들은 목성 주위를 돌고 있었지요. 이 발견은 모든 천체들이 다 지구 주위를 도는 것은 아니라는 걸 뜻했습니다. 아리스토텔레스와 프톨레마이오스의 생각이 틀렸던 거죠. 물론 지구가 중심에 멈춰 있다고 믿을 여지는 아직 있었지만, 그러려면 목성의 위성들은 지구 주위를 엄청나게 복잡한 궤도를 그리며 돌아야 했습니다. 그래야만 그 위성들이 겉보기에 목성 주위를 도는 것처럼 보일 테니까요. 반면에 코페르니쿠스의 이론은 훨씬 더 단순했습니다.

같은 시기에 케플러는 코페르니쿠스 이론을 수정하여 행성들이 원이 아니라 타원을 그리며 움직인다고 주장했습니다. 그리하여 예측들은 마침내 관측과 일치하게 되었습니다. 하지만 당시 케플러의 입장에선 타원궤도는 단지 임시방편의 가설에 불과했고 오히려 꺼림칙한 생각에 가까웠지요. 왜냐하면 타원은 확실히 원보다 덜 완벽하기 때문이었습니다. 거의 행운으로 타원궤도가 관측과 더 잘 맞는다는 것을 발견한 후, 케플러는 행성들이 자기력에 의해 태양 주위를 돈다는 생각과 자신의 발견을 조화시킬 수 없었습니다.

그 까닭을 설명해주는 이론은 한참 뒤인 1687년에 뉴턴이 《프린키피아 자연철학의 수학적 원리》를 출판함으로써 제시되었습니다. 이 책은 아마도 물리학 서적 가운데 가장 중요한 저술일 것입니다. 이 책에서 뉴턴은 물체들이 공간과 시간 속에서 어떻게 운동하는가에 대한 이론을 제시했을 뿐 아니라, 그 운동을 분석하는 데 필요한 수학까지 개발했습니다. 더 나아가 그는 보편중력만유인력이론을 주장했습니다. 그 이론에 따르면, 우주 속에 있는 모든 각각의 물체는 다른 모든 물체를 질량이 클수록 또 거리가 가까울수록 커지는 힘으로 끌어당깁니다. 그 힘은 물체들을 땅으로 떨어뜨리는 힘과 동일합니다. 뉴턴이 머리에 사과를 맞고 깨달음을 얻었다는 이

야기는 출처가 매우 의심스럽지요. 뉴턴은 자신이 명상을 하며 앉아 있을 때 문득 중력에 대한 생각이 떠올랐고 그때 우연히 사과가 떨어졌다는 말을 했을 뿐입니다.

뉴턴은 중력으로 인해 달이 지구 주위를 타원궤도로 움직이며 지구와 행성들은 태양 주위를 타원궤도로 움직인다는 것을 증명했습니다. 코페르니쿠스 모형은 프톨레마이오스의 천구들을 제거했고, 그와 함께 우주에 자연적인 경계가 있다는 생각을 제거했습니다. 지구가 태양 주위를 돌 때에도 항성들의 상대적 위치는 변하지 않는 것처럼 보였습니다. 그러므로 자연스럽게 내릴 수 있는 결론은 항성들이 우리의 태양과 유사한 천체이며 매우 멀리 떨어져 있다는 것이었지요. 따라서 문제가 발생했습니다. 뉴턴은 그의 중력이론에 따라 항성들이 서로 끌어당겨야 한다는 것을 알고 있었습니다. 따라서 항성들은 본성상 멈춰 있을 수 없다고 여겼지요. 항성들은 전부 서로에게 끌려서 한 점으로 모여들어야 옳지 않을까요?

당대의 또 다른 선구적인 사상가인 리처드 벤틀리에게 1691년에 보낸 편지에서 뉴턴은 만일 존재하는 별들의 개수가 유한하다면 정말로 그런 일이 일어날 것이라고 주장했습니다. 그러나 무한히 많은 별들이 대체로 균일하게 무한한 공간에 분산되어 있으므로 별들이 모여들 만한 중심점은 존재하지 않고, 따라서 별들이 한 점으로 모이는 일은 생기지 않는다고 뉴턴은 논증했습니다. 이 논증은 무한을 이야기할 때 빠질 수 있는 함

정의 한 예입니다.

무한 우주에서 모든 각각의 점은 중심으로 간주될 수 있습니다. 왜냐하면 모든 각각의 점의 양편에는 무한히 많은 별들이 있기 때문입니다. 훨씬 나중에야 알려졌지만, 올바른 접근법은 모든 별들이 서로에게 접근하는 유한한 상황을 고찰하는 것입니다. 그러면서 만일 지금 생각하는 영역 바깥에 대략 균일하게 별들을 추가하면 상황이 어떻게 달라질지 묻는 것이죠. 뉴턴의 법칙에 따르면, 추가된 별들은 원래 있던 별들에 아무 영향을 끼치지 않습니다. 따라서 원래 별들은 처음과 다름없이 빠르게 모여들 것입니다. 우리가 아무리 많은 별들을 추가하더라도 원래 별들은 여전히 변함없이 모여들 것입니다. 오늘날 우리는 중력이 항상 인력<sub>끌어당기는 힘</sub>일 경우 무한하며 정적인 우주의 모형을 얻는 것은 불가능하다는 점을 알고 있습니다.

20세기 이전 사상의 분위기를 반영하는 흥미로운 사실은 그때는 아무도 우주가 팽창하거나 수축한다고 주장하지 않았다는 점입니다. 우주가 영원한 과거부터 변함없이 존재했다는 생각이나 과거의 어느 유한한 시점에 오늘날과 대체로 같은 모습으로 창조되었다는 생각이 일반적으로 받아들여졌지요. 이런 생각은 사람들이 영원한 진리를 믿는 경향이 있고 자신들은 성장하고 늙고 죽어도 우주는 불변하리라고 생각하면서 위안을 얻는 데서 얼마간 비롯되었을 것입니다.

뉴턴의 중력이론이 우주가 정적일 수 없다는 것을 보여주었음을 깨달

▲

과거에 사람들은 무한히 많은 별들이 근처의 별들끼리 발휘하는 인력과 멀리 떨어진 별들끼리 발휘하는 척력이 균형을 이루어 평형상태를 유지할 수 있다고 생각했다. 그러나 오늘날 우리는 그런 평형은 불안정하다고 믿는다. 우리 은하 내부의 가장 크고 젊은 성단 가운데 하나인 다섯쌍둥이 성단은 불과 수백만 년 후에 중력적 기조력에 의해 은하 중심에서 찢어져 버릴 운명이다. 그러나 그 성단은 짧은 생애 동안 우리 은하에 있는 어떤 성단보다 더 밝게 빛난다.

은 사람들조차도 우주가 팽창한다고 주장할 생각은 하지 못했습니다. 오히려 그들은 이론을 수정하여 중력이 매우 큰 거리에서는 척력밀어내는 힘이 되도록 만들고자 했지요. 이 수정은 행성들의 운동에 대한 예측에 큰 영향을 끼치지 않는 한편, 무한히 분포한 별들이 근처의 별들끼리 발휘하는 인력과 멀리 떨어진 별들끼리 발휘하는 척력의 균형으로 인해 평형상태를 유지할 수 있게 해주었습니다.

그러나 오늘날 우리는 그런 평형이 불안정하다고 믿습니다. 만일 어떤 구역의 별들이 약간만 서로 접근한다면, 그 별들 사이의 인력은 더 강해져서 척력을 압도할 것이며, 따라서 그 별들은 계속해서 모여들 것입니다. 반대로 만일 별들이 약간만 서로 멀어진다면, 척력이 인력을 압도하여 별들은 계속 더 멀어질 것입니다.

무한하며 정적인 우주에 대한 또 다른 반론은 일반적으로 독일 철학자 하인리히 올베르스에게서 유래했다고 여겨집니다. 그러나 사실 그 반론은 뉴턴과 같은 시기에 살았던 여러 사람들에 의해 제기된 바 있습니다. 또 올베르스가 1823년에 발표한 논문은 그 반론을 설득력 있게 전개한 최초의 논문도 아니지요. 아무튼 그 논문이 최초로 폭넓은 주목을 받은 것은 사실입니다. 문제의 핵심은, 무한하며 정적인 우주에서는 어느 방향을 바라보든 거의 모든 방향에 별의 표면이 있어

▶

무한하며 정적인 우주에서 바라본 별들

**야 한다**는 점에 있습니다. 따라서 하늘 전체가 심지어 밤에도 태양처럼 밝을 것이라고 기대할 수 있습니다. 올베르스의 재반론은 먼 별들에서 오는 빛은 중간에 있는 물질들에 흡수되어 약해진다는 것이었습니다. 그러나 그런 흡수가 일어난다면 중간에 있는 물질이 결국 가열되어 별들만큼 밝게 빛나야 합니다.

밤하늘 전체가 태양의 표면만큼 밝아야 한다는 결론을 피하는 유일한 길은 별들이 영원한 과거부터 빛을 낸 것이 아니라 과거의 특정 시점에 빛을 내기 시작했다고 주장하는 방법일 것입니다. 그럴 경우 빛을 흡수하는 물질이 아직 가열되지 않았다거나, 민 별에서 오는 빛이 아직 우리에게 도달하지 않았다고 주장할 수 있겠지요. 그렇다면 왜 별들은 애초에 빛을 내기 시작했을까요?


## 우 주 의 시 초

우주의 시초에 대한 논의는 당연히 오래전부터 있었습니다. 유대교, 기독교, 이슬람교 전통의 여러 초기 우주론에 따르면 우주는 그리 멀지 않은 유한한 과거에 시작되었습니다. 그런 시작을 옹호하는 논증 중 하나는, 우주의 존재를 설명해주는 최초의 원인이 반드시 있어야 한다는 느낌이었습니다.

또 다른 논증은 성 아우구스티누스가 《신국》에서 제시했습니다. 문명은 진보하며 우리는 이 업적을 누가 이루었고 저 기술을 누가 개발했는지 기억한다고 아우구스티누스는 지적했습니다. 따라서 사람은, 그리고 어쩌면 우주도 아주 오랫동안 존재한 것은 아닐 것입니다. 만약 아주 오랫동안 존재했다면, 우리는 지금보다 훨씬 더 진보했어야 할 테니까요.

성 아우구스티누스는 〈창세기〉에 따라 우주가 기원전 5000년경에 창조되었다고 믿었습니다. 흥미롭게도 그 시점은 기원전 1만 년경에 있었던 마지막 빙하기에서 그리 멀지 않은 때입니다. 실제로 문명은 그때 시작되지요. 한편 아리스토텔레스를 비롯한 대부분의 그리스 철학자들은 신의 개입을 지나치게 허용한다는 이유로 창조 사상을 싫어했습니다. 그들은 인간과 세계가 영원한 과거부터 존재했으며 영원한 미래까지 존재할 것이라고 믿었습니다. 그들도 방금 언급한 진보 논증을 이미 검토했지만, 주기적으로 홍수나 기타 재난이 일어나 인류를 다시 문명 발생의 단계로 되돌려놓았다는 대답으로 응수했습니다.

거의 모든 사람들이 우주가 본질적으로 정적이며 변함이 없다고 믿고 있을 당시에, 우주에 시초가 있는가 하는 질문은 사실 형이상학이나 신학의 영역에 속했습니다. 시초가 있다고 하거나 없다고 하거나 모두, 관측된 바를 설명할 수 있었습니다. 우주는 영원한 과거부터 존재했거나, 아니면 어느 유한한 시점에 마치 영원한 과거부터 존재한 것처럼 보이도록 운행하기 시작했다고 사람들은 믿었지요. 그러나 1929년에 에드윈 허블

이 획기적인 발견을 했습니다. 어느 방향을 보든 먼 은하들은 우리에게서 빠르게 멀어지고 있다는 겁니다. 다시 말해 우주는 팽창하고 있다는 거지요. 이는 과거에 천체들이 서로 더 가깝게 있었다는 것을 의미합니다. 실제로 100억 년에서 200억 년 전에는 모든 천체들이 정확히 한 장소에 있었던 것으로 보입니다.

이 발견은 마침내 우주의 시초에 대한 질문을 과학의 영역으로 들여왔습니다. 허블의 관측들은 우주가 무한히 작고, 따라서 무한히 조밀했던 이른바 '빅뱅'<sup>대폭발</sup>이라는 시점이 있었다는 것을 시사했습니다. 설령 그 시점 이전에 사건들이 존재했다 하더라도, 그 사건들은 현재 일어나는 일에 아무 영향을 끼칠 수 없을 것입니다. 그 사건들의 존재는 무시할 수 있습니다. 왜냐하면 그 사건들은 관측 가능한 결과를 가질 수 없기 때문이죠.

우리는 시간이 빅뱅에서 시작되었다고 말할 수 있습니다. 이는 그보다 더 이른 시기는 아예 정의될 수 없다는 뜻입니다. 간과하지 말아야 할 점은, 이 시간의 시초는 앞에서 언급한 시초들과 아주 다르다는 것입니다. 불변적인 우주에서 시간의 시작은 우주 외부의 누군가가 일으켜야 하는 사건입니다. 시작이 일어날 물리적 필연성은 존재하지 않습니다. 신이 우주를 창조했다고 상상한다면, 말 그대로 과거의 어느 때건 상관없이 창조했다고 상상할 수 있습니다. 반면에 만일 우주가 팽창한다면, 시초가 있어야 할 물리적 근거들을 말할 수 있을 것입니다. 그래도 여전히 신이 우주를 빅뱅 시점에 창조했다고 믿을 수 있겠지요. 심지어 신은 빅뱅보다 늦은 시점에 빅뱅이 있었던 것처럼 보이도록 우주를 창조했을 수도 있고요. 그러나 우주가 빅뱅 이전에 창조되었다는 주장은 무의미할 것입니다. 팽창하는 우주는 창조자를 배제하지 않지만, 신의 창조 시점에 대해서는 한계를 부여합니다.

두 번째 강의

# 팽창하는 우주

에드윈 허블은 지구를 둘러싼 수많은 별들과

우리 은하를 둘러싼 수많은 은하들을 발견해냈습니다.

게다가 허블은 은하들 사이의 거리를

측정하기 위한 시도 끝에 은하들 사이의 거리가

끊임없이 멀어지고 있다는 사실을 알아냈습니다.

즉, 우주는 점점 팽창하고 있다는 것인데요.

이 놀라운 발견은 어떻게 가능했을까요?

우리의 태양과 근처의 별들은 모두 우리 은하라는 거대한 별 집단에 속해 있습니다. 오랜 세월 동안 사람들은 우리 은하를 우주 전체로 생각했습니다. 1924년에 이르러서야 미국 천문학자 에드윈 허블이 우리 은하가 유일한 은하가 아니라는 것을 증명했습니다. 수많은 은하들이 방대한 빈 공간을 사이에 두고 흩어져 있었지요. 이 사실을 증명하기 위하여 허블은 그 다른 은하들까지의 거리를 측정할 필요가 있었습니다. 가까운 별들의 거리는 지구가 태양을 공전할 때 그 별들의 위치가 바뀌는 것을 관측하여 측정할 수 있습니다. 그러나 다른 은하들은 너무 멀리 있어서 가까운 별들과 달리 정말로 한자리에 고정된 것처럼 보입니다. 그러므로 허블은 간접적인 거리 측정 방법을 쓰지 않을 수 없었지요.

별의 겉보기 광도는 두 요소에 의해 결정됩니다. 한 요소는 절대광도이고, 다른 하나는 별이 우리로부터 떨어진 거리입니다. 근처의 별들에 대해서는 겉보기 광도와 거리를 둘 다 측정할 수 있으므로, 그 별들의 절대광도를 계산할 수 있습니다. 거꾸로 만일 우리가 다른 은하에 있는 별들의 절대광도를 안다면, 우리는 그 별들의 겉보기 광도를 측정함으로써 거리를 알아낼 수 있습니다. 허블은 특정 유형의 별들은 절대광도가 항상 동일하다고 논증했습니다. 이는 그 유형의 별들 중에서 가까이 있는 것들을 측정하여 얻은 결론이었지요. 그러므로 만일 우리가 그런 별들을 다른 은하에서 발견한다면, 우리는 그것들도 절대광도가 같다고 생각할 수 있습니다. 따라서 우리는 그 은하까지의 거리를 계산할 수 있지요. 만일 우리가 동일한 은하에 있는 여러 별들에 대하여 그 같은 계산을 할 수 있고, 그 결과가 항상 동일한 거리로 나온다면, 우리는 우리의 계산을 상당히 신뢰할 수 있을 것입니다. 이런 방법으로 에드윈 허블은 9개의 서로 다른 은하들까지의 거리를 각각 계산했습니다.

오늘날 우리는 우리 은하가 현대적인 망원경으로 관측할 수 있는 수천억 개의 은하들 가운데 하나에 불과하며, 각각의 은하는 수천억 개의 별들로 이루어졌다는 것을 알고 있습니다. 우리 은하는 지름이 약 10만 광년이며 천천히 회전하고 있지요. 우리 은하의 나선팔들에 있는 별들은 은하의 중심을 약 1억 년에 한 바퀴 회전합니다. 우리의 태양은 평균 크기에 평범한 노란 별이며, 한 나선팔의 바깥쪽 가장자리 근처에 있습니다. 우

▲

지구에서 약 1천3백만 광년 떨어진 NGC4214에서는 성간 기체와 먼지로부터 새 별들이
태어나 현재 형성되고 있는 성단들이 많이 보인다. 허블우주망원경이 촬영한 이 사진에서 별과
성단의 형성 및 진화의 단계들을 볼 수 있다. 가장 어린 성단들은 사진의 오른쪽 아래에 있으며
다섯 개 정도의 불타는 기체 덩어리로 보인다. 어리고 뜨거운 별들은 흰색이나 파란색으로 보인
다. 표면 온도가 섭씨 1만 도에서 5만 도에 달하기 때문이다. 가장 어린 성단들에서 왼쪽으로 이
동하면 더 늙은 성단 하나를 볼 수 있다. 이 사진의 가장 두드러진 특징은 NGC4214의 중심 근
처에 있는 거대한 파란 별 수백 개의 집단이다. 그 별들 각각은 우리 태양보다 1만 배 이상 밝다

▲

나사의 허블우주망원경으로 현재까지 촬영된, 가장 먼 거리의 우주 사진 중 하나다. 희미하게 푸른 은하단이 보이는데, 우주에서 가장 흔하게 발견되는 천체들이다. 이 은하들까지의 거리는 30억~80억 광년으로 추정된다. 이 천체들은 초기 우주엔 많았지만, 스스로 소멸하거나 파괴되었기 때문에 지금은 드물게 관측된다. 이 푸른 난쟁이 은하들의 형성과 진화를 밝혀내면 우리 은하의 형성을 비롯하여 은하의 진화 과정에 대한 새로운 단서가 나올 가능성이 있다. 이 은하들이 푸른 이유는 활발한 별 형성 과정을 겪고 있기 때문이다. 어리고 뜨거운 푸른 별들이 수없이 생겨나고 있다.

리는 아리스토텔레스와 프톨레마이오스가 지구를 우주의 중심으로 생각했을 때보다 확실히 많이 진보했습니다.

별들은 너무 멀리 있어서 그저 밝은 점으로만 보입니다. 우리는 별들의 크기나 모양을 알아낼 수 없습니다. 그렇다면 별들의 유형을 어떻게 구별할 수 있을까요? 대부분의 별에서 우리가 제대로 관측할 수 있는 특징은 단 하나, 별들이 내는 빛의 색입니다. 뉴턴은 태양에서 온 빛이 프리즘을 통과하면 무지개처럼 여러 색의 성분들로, 곧 스펙트럼으로 갈라진다는 것을 발견했습니다. 우리는 홀로 있는 별이나 은하 하나에 망원경을 고정하고 그 별이나 은하가 내는 빛의 스펙트럼을 뉴턴과 비슷한 방식으로 관측할 수 있습니다. 별들은 저마다 다른 스펙트럼을 가지지만, 다양한 색들의 상대적 밝기는 뜨겁게 달궈진 물체에서 방출되는 빛에서 발견할 수 있는 것과 항상 정확하게 같습니다. 따라서 별빛의 스펙트럼을 보고 별의 온도를 알아낼 수 있지요. 더 나아가 우리는 별빛의 스펙트럼에서 특정한 색들이 빠져 있는 것을 발견할 수 있는데, 그 빠진 색들은 별마다 다를 수 있습니다. 한편 우리는 화학원소들이 저마다 매우 특수한 색의 빛들을 흡수한다는 것을 알고 있습니다. 따라서 그 색들을 별빛의 스펙트럼에서 빠져 있는 색들과 대조하면 별의 대기에 어떤 원소들이 있는지도 정확히 알아낼 수 있습니다.

1920년대에 다른 은하에 있는 별들의 스펙트럼을 관측하기 시작한 천문학자들은 매우 특이한 점을 발견했습니다. 그 스펙트럼에는 우리 은하에 있는 별들의 스펙트럼과 마찬가지로 몇 가지 색들이 빠져 있었는데, 그 빠진 색들은 예외 없이 똑같은 정도로 스펙트럼의 빨간색 끝 쪽으로 이동해 있었습니다. 유일하게 합당한 설명은 은하들이 우리에게서 멀어지고 있고, 따라서 빛 파동이 도플러효과에 의해 적색편이 된다는 것이었습니다. 도로를 질주하는 자동차의 소리를 들어보십시오. 자동차가 다가올 때 엔진의 소음은 높은 음으로 들리지만, 자동차가 우리 앞을 지나 멀어질 때는 낮은 음으로 들리죠. 빛 혹은 복사파도 이와 유사한 행동을 합니다. 실제로 경찰은 도플러효과를 이용하여 자동차의 속도를 측정합니다. 자동차에 반사되어 돌아오는 전파의 진동수를 측정함으로써 자동차의 속도를 알아내는 것이죠.

허블은 다른 은하들의 존재를 증명한 후 몇 년에 걸쳐 은하들의 거리를 측정하고 그 스펙트럼을 관측했습니다. 당시에 대부분의 사람들은 은하들이 무작위로 움직일 것이라고 예상했고, 따라서 적색편이 된 스펙트럼과 청색편이 된 스펙트럼을 골고루 발견하리라고 예상했습니다. 그러므로 모든 은하의 스펙트럼이 적색편이 된다는 것은 놀라운 발견이었지요. 모든 은하들이 우리에게서 멀어지고 있었습니다. 더욱 놀라운 것은 허블이 1929년에 발표한 내용입니다. 은하의 적색편이 정도가 무작위하지 않고 은하의 거리에 비례했던 것입니다. 다시 말해 멀리 있는 은하일수록 더 빠르게 멀어지고 있었습니다. 이는 우주가 과거

▲
**도플러효과와 적색편이**

도플러효과란 소리나 빛이 도달하는 상대속도에 따라 그 파장이 달라지는 것을 말한다. 즉 지구와 일정한 거리에 있는 행성에서 오는 빛의 파장은 짧지만, 지구로부터 멀어지는 행성에서 오는 빛의 파장은 길어진다. 빛의 파장이 길면 붉은색 쪽에, 짧으면 파란색 쪽에 가까운 색으로 보이기 때문에, 지구로부터 멀어지는 행성으로부터 나오는 빛의 스펙트럼은 붉은색 쪽으로 몰리게 된다(적색편이). 바로 이 원리를 이용해서 행성들이 우리로부터 멀어지는지 가까워지는지를 알 수 있다.

▲

우주가 결국 팽창을 멈추고 수축하기 시작할지 아니면 영원히 팽창할지 판단하기 위해 비유적으로 지구를 떠나는 로켓을 생각해볼 수 있다. 만일 로켓의 속도가 매우 느리다면, 중력은 결국 로켓을 멈추고 지구로 다시 떨어지게 만들 것이다. 반면 로켓의 속도가 임계속도, 곧 초속 약 11킬로미터 이상이라면 중력은 로켓을 다시 끌어당기지 못하고, 로켓은 계속 지구에서 멀어질 것이다. 나사는 지구 궤도를 도는 위성들을 200대 넘게 성공적으로 쏘아 올렸다. 사진은 1975년 6월 21일에 플로리다 주 케이프 커내버럴에서 델타 로켓에 실려 고더드 태양 관측 8호 위성이 발사되는 장면이다.

에 모든 사람들이 생각했던 것처럼 정적일 수 없고 팽창하고 있다는 것을 의미했습니다. 은하들 사이의 거리는 끊임없이 커지고 있었습니다.

우주가 팽창한다는 것을 발견한 것은 20세기의 위대한 지적 혁명 가운데 하나였습니다. 지금 돌이켜보면, 왜 더 일찍 우주의 팽창을 생각한 사람이 없었는지 의아하게 생각하기 쉽지요. 뉴턴을 비롯한 많은 사람들은 정적인 우주가 중력의 영향으로 곧 수축하기 시작해야 한다는 것을 깨달았어야 마땅합니다. 그러나 우주는 오히려 팽창하고 있었습니다. 만일 우주가 아주 느리게 팽창한다면, 중력은 결국 팽창을 멈추고 수축이 시작되도록 만들 것입니다. 반면에 우주가 특정한 한계속도 이상으로 팽창하고 있다면, 중력은 팽창을 멈추지 못하고, 우주는 영원히 팽창할 것입니다. 이 사정은 지표면 위로 로켓을 쏘아 올릴 때와 상당히 유사합니다. 만일 로켓의 속도가 아주 느리다면, 중력은 결국 로켓을 멈추고 다시 떨어지게 만들 것입니다. 반면에 로켓이 특정한 한계속도, 곧 초속 약 11킬로미터 이상으로 솟아오른다면, 중력은 로켓을 다시 끌어당기지 못하고, 로켓은 영원히 지구에서 멀어질 것입니다.

이 같은 우주의 행동은 19세기나 18세기, 심지어 17세기 말에도 뉴턴의 중력이론으로부터 예측될 수 있었습니다. 그러나 정적인 우주에 대한 믿음은 워낙 강해서 20세기 초까지 유지되었지요. 심지어 아인슈타인도 1915년에 일반상대성이론을 정식화할 때 우주가 정적이어야 한다고 확신했습니다. 그리하여 그는 자신의 이론을 수정하여 이른바 우주상수를 방정식에 도입함으로써 정적인 우주를 가능하게 만들었습니다. 우주상수는 새로운 '반중력'에 해당했습니다. 그 힘은 다른 힘들과 달리 어떤 특정한 원천에서 나오는 것이 아니라 시공의 구조 자체에 내재하는 것이었습니다. 아인슈타인의 우주상수는 시공에 팽창하려는 경향을 부여하며, 그 경향은 우주에 있는 모든 물질의 인력과 정확히 균형을 이루어 정적인 우주를 만들어낼 수 있었습니다.

일반상대성이론을 원래의 모습 그대로 취하려 한 사람은 단 한 명뿐이었던 것으로 보입니다. 아인슈타인을 비롯한 물리학자들이 일반상대성이론이 예측하는 정적이지 않은 우주를 회피할 길을 찾고 있던 시기에 러시아 기상학자 알렉산드르 프리드만은 오히려 정적이지 않은 우주를 설명하는 작업에 착수했습니다.


## 프 리 드 만 의 가 설 들

우주가 시간적으로 어떻게 진화할지를 결정하는 일반상대성이론의 방정식들은 상세히 풀기에는 너무 복잡합니다. 그래서 프리드만은 우주에 대한 매우 단순한 두 가지 가설을 채택했습니다. 첫째, 우주는 우리가 어느 방향을 보든 똑같게 보이며, 둘째로 그 사실은 우리가 다른 곳에서 우주를 관측해도 마찬가지라고 말이죠. 프리드만은 이 두 가설과 일반상대성이론을 기초로 삼아 우리가 정적인 우주를 기대할 수 없다는 것을 보여주었습니다. 실제로 프리드만은 나중에 에드윈 허블이 발견하게 되는 바를 허블이 발견한 해보다 여러 해 전인 1922년에 정확히 예측했습니다.

우주가 어느 방향을 보나 똑같게 보인다는 가설은 분명 현실에선 참이 아닙니다. 예를 들어 우리 은하에 속한 다른 별들은 밤하늘을 뚜렷이 가로지르는 은하수를 이룹니다. 그러나 우리가 먼 은하들을 보면, 어느 방향에나 대체로 같은 수의 은하들이 있는 것처럼 보입니다. 요컨대 은하들 사이의 거리에 비해 큰 규모에서 볼 때 우주는 어느 방향이든 대체로 동일한 것처럼 보입니다.

이 논증은 오랫동안 프리드만의 가설을 정당화해주기에 충분했습니다. 그 가설은 실제 우주와 비슷한 것으로 여겨졌지요. 그러나 더 최근에 행운의 사고 덕분에 프리드만의 가설이 실제로 매우 정확하게 우주를 설명한다는 사실이 밝혀졌습니다. 1965년에 미국 물리학자 아노 펜지어스와 로버트 윌슨은 뉴저지 주에 있는 벨 연구소에서 위성들과 통신하기 위한 매우 민감한 마이크로파 탐지 장치를 설계하고 있었습니다. 그들은 탐지 장치에 너무 많은 잡음이 포착된다는 것을 발견하고 고민에 빠졌습니다. 그 잡음은 어떤 특정한 방향에서 오는 것도 아닌 것 같았습니다. 처음에

▲

찬드라 X선 관측소(CXO)에서 촬영한 우리 은하 중심부의 모습이다. 가로 900광년 세로 400광년의 고에너지 구역을 보여주는 이 모자이크에서 수백 개의 백색왜성과 중성자별, 그리고 온도가 수백만 도인 찬란한 안개에 휩싸인 블랙홀들을 볼 수 있다.

그들은 탐지 장치에 떨어지는 새똥을 조사했고, 다른 기능 이상의 가능성들도 점검했지만, 곧 그런 문제들이 있을 가능성을 배제했습니다. 그것이 만약 대기권 안에서 나온 잡음이라면 탐지 장치가 정확히 위를 향하지 않을 때 더 강력할 것이라는 점을 그들은 알았습니다. 왜냐하면 수직이 아닌 각도를 향했을 때 대기권이 더 두껍게 될 테니까요.

하지만 그 잡음은 탐지 장치가 어느 방향을 향하든지 똑같았습니다. 따라서 대기권 밖에서 오는 것이 분명했지요. 또 그 잡음은 지구가 자전하고 공전함에도 불구하고 밤낮으로 똑같았습니다. 이는 그 잡음이 태양계 바깥에서, 심지어 우리 은하 바깥에서 온다는 점을 의미했습니다. 그렇지 않다면 지구의 운동에 의해 탐지 장치의 방향이 바뀔 때 그 잡음도 달라져야 할 테니까 말입니다.

오늘날 우리는 그 잡음이 실제로 관측 가능한 우주의 대부분을 가로질러 우리에게 온다는 것을 알고 있습니다. 그 잡음은 어느 방향을 보든 똑같게 나타나므로, 우주도 적어도 큰 규모에서는 어느 방향으로나 똑같아야 합니다. 우리가 어느 방향을 보든 그 잡음은 1만분의 1 이내의 오차로 똑같습니다. 그렇게 펜지어스와 윌슨은 프리드만의 첫 번째 가설에 대한 매우 정확한 증거를 우연히 발견했습니다.

그 무렵 인근의 프린스턴 대학에서 미국 물리학자 밥 디키와 짐 피블스도 마이크로파에 관심을 기울이고 있었습니다. 그들은 한때 알렉산드르 프리드만의 제자였던 조지 가모브가 내놓은 주장을 연구하고 있었지요.

그것은 초기 우주가 매우 뜨겁고 밀도가 높아서 하얗게 빛나고 있었다는 주장이었습니다. 디키와 피블스는 우리가 그 빛을 지금도 볼 수 있어야 한다고 주장했습니다. 왜냐하면 초기 우주의 매우 먼 부분에서 나온 빛은 이제야 우리에게 도달할 것이기 때문입니다. 그러나 우주가 팽창하기 때문에 그 빛은 매우 심하게 적색편이 되어 오늘날에는 마이크로파로 나타나야 할 것이었습니다. 디키와 피블스가 그 마이크로파를 찾고 있을 때, 펜지어스와 윌슨은 그들의 연구에 대하여 듣고 자신들이 발견한 것이 바로 그 마이크로파라는 것을 깨달았습니다. 이 공로로 펜지어스와 윌슨은 1978년에 노벨상을 받았죠. 디키와 피블스에게는 약간 섭섭한 일이었겠지만 말입니다.

언뜻 생각하면, 우리가 어느 방향을 보든 우주가 똑같게 보인다는 것을 입증하는 이 증거들은 우주 속에서 우리의 자리가 특별하다는 인상을 줄지도 모르겠습니다. 쉽게 말해서 우리가 다른 모든 은하들이 우리에게서 멀어지는 것을 관측한다면 우리는 우주의 중심에 있는 것이 분명하다는 생각이 들 만도 합니다. 그러나 이렇게 설명할 수도 있지요. '우주는 다른 은하에서 어느 방향으로 관측해도 역시 똑같게 보일 것이다.' 이미 말했듯이 이것은 프리드만의 두 번째 가설입니다.

이 가설을 옹호하거나 반박하는 과학적 증거는 없습니다. 우리는 단지 겸손한 태도로 이 가설이 옳다고 믿을 뿐입니다. 만일 우주가 우리 주변에서는 모든 방향으로 똑같게 보이는 반면, 우주의 다른 지점에서는 그렇

지 않다면, 그것은 매우 놀라운 일일 것입니다. 프리드만의 가설에서 모든 은하들은 서로 멀어집니다. 그 상황은 겉에 점들이 찍힌 풍선을 계속 부는 것과 매우 비슷하죠. 풍선이 팽창하면 두 점 사이가 멀어집니다. 그러나 팽창의 중심이라고 할 만한 점은 존재하지 않지요. 또 점들은 서로 더 멀리 떨어져 있을수록 더 빠르게 멀어질 것입니다. 이와 비슷하게 프리드만의 모형에서 어떤 두 은하가 서로 멀어지는 속도는 두 은하 사이의 거리에 비례합니다. 따라서 그 모형은 은하의 적색편이가 우리와 은하 사이의 거리에 비례해야 한다고 예측했습니다. 그 예측은 정확히 허블이 발견한 대로였습니다.

프리드만의 모형이 성공적이며 허블의 관측을 예측했음에도 불구하고, 그의 연구는 당시 서방세계에 거의 알려지지 않았습니다. 프리드만은 1935년에 미국 물리학자 하워드 로버트슨과 영국 수학자 아서 워커가 허블의 균일한 우주 팽창 발견에 맞는 비슷한 모형들을 발견한 다음에야 서방세계에 알려졌습니다.

프리드만은 단 하나의 모형만 발견했지만, 프리드만의 두 근본 가설을 충족시키는 모형은 세 가지가 있습니다. 프리드만이 발견한 첫 번째 모형에서 우주는 충분히 느리게 팽창하여 은하들 사이의 인력으로 팽창은 느려지고 결국 팽창이 멈추게 됩니다. 그 후에 은하들은 모여들기 시작하고 우주는 수축합니다. 인접한 두 은하 사이의 거리는 0에서 출발하여 최댓값까지 증가했다가 다시 0으로 줄어듭니다.

두 번째 모형에서 우주는 매우 빠르게 팽창하여 인력은 팽창을 약간 느려지게 할 수만 있을 뿐 멈추지 못합니다. 이 모형에서 인접한 은하들 사이의 거리는 0에서 출발하며, 결국 은하들은 일정한 속도로 멀어집니다.

마지막으로 세 번째 모형에서 우주는 정확히 재수축을 피하기에 충분할 정도로 빠르게 팽창합니다. 이 경우에도 은하들 사이의 거리는 0에서 출발하여 영원히 증가합니다. 그러나 은하들이 멀어지는 속도는 점점 더 작아지는데 그 속도가 0에 도달하지는 않습니다.

## 첫 번째 프리드만 모형에서 주목되는 특징은 우주가 공

간적으로 무한하지 않은데도 불구하고 공간에 경계가 없다는 점입니다. 중력이 너무 강해서 공간이 휘어져 마치 지구의 표면처럼 되기 때문입니다. 만일 지구의 표면에서 한 방향으로 계속 여행한다면, 장벽에 막혀 멈추거나 끝에 이르러 떨어지는 일은 결코 생기지 않을 것이며, 결국 원래 출발한 자리로 되돌아올 것입니다. 첫 번째 프리드만 모형에서 공간이 바로 그러합니다. 다만 지구의 표면처럼 2차원이 아니라 3차원이라는 점이 다르지요. 네 번째 차원인 시간도 크기가 유한합니다. 그러나 시간은 두 개의 경계 혹은 끝이 있는 직선과 유사합니다. 시간에는 시작과 끝이 있습니다. 나중에 보겠지만, 일반상대성이론과 양자역학의 불확정성 원리를 조합하면 공간과 시간이 둘 다 유한하면서 경계가 없게 만들 수 있습니다.

앞으로 곧바로 나아가 우주를 다 돌아서 제자리로 돌아올 수 있다는 생각은 과학소설의 좋은 소재이지만, 실질적으로는 별 의미가 없습니다. 왜냐하면 우주를 한 바퀴 돌기 전에 우주가 재수축하여 크기가 0이 될 것이라는 점을 증명할 수 있기 때문입니다. 우주가 종말을 맞기 전에 제자리로 돌아오려면 빛보다 빠르게 여행해야 하는데, 그것은 불가능하지요.

그런데 어떤 프리드만 모형이 우리의 우주에 맞을까요? 우주는 결국 팽창을 멈추고 수축하기 시작할까요? 아니면 영원히 팽창할까요? 이 질문에 답하려면 우주의 현재 팽창속도와 평균밀도를 알아야 합니다. 그 밀도가 팽창속도에 의해 결정되는 특정 임계값보다 작으면 중력은 너무 약해서 팽창을 멈추지 못할 것입니다. 반면에 그 밀도가 특정 임계값보다 크면 중력은 언젠가 팽창을 멈추고 우주가 재수축하게 만들 것입니다.

현재의 팽창속도는 다른 은하들이 우리에게서 멀어지는 속도들을 도플러효과를 이용하여 측정함으로써 알아낼 수 있습니다. 매우 정확하게 계산할 수 있지요. 그러나 은하들까지의 거리는 간접적으로만 측정할 수 있기 때문에 그다지 정확하게 알려져 있지 않습니다. 따라서 우리가 아는 것은 우주가 10억 년마다 5퍼센트에서 10퍼센트 팽창한다는 것뿐입니다. 게다가 현재의 평균밀도에 대한 우리의 지식은 더욱더 불확실하지요.

우리 은하와 다른 은하들에서 볼 수 있는 모든 별들의 질량을 다 합하면, 그 총합은 팽창속도를 최저치로 추정했을 때 우주의 팽창을 멈추기 위해 필요한 질량의 1/100보다도 작습니다. 그러나 우리는 우리 은하와 다른 은하들에 많은 양의 암흑물질이 있다는 것을 알고 있지요. 우리는 암흑물질을 직접 볼 수 없지만 암흑물질이 있어야 한다는 것을 아는 거죠. 왜냐하면 암흑물질이 은하들에 있는 별과 기체에 발휘하는 중력을 볼 수 있기 때문입니다.

더 나아가 대부분의 은하들은 은하단 속에서 발견되는데, 그 은하들의 운동에 미치는 암흑물질의 영향을 보고 이 은하단들에 있는 은하들 사이에 더 많은 암흑물질이 있다는 것을 추론할 수 있습니다. 하지만 그 모든 암흑물질을 다 합해도, 팽창을 멈추기 위해 필요한 질량의 약 1/10밖에

되지 않습니다. 그러나 우리가 아직 탐지하지 못했지만 우주의 평균밀도를 팽창을 멈추기 위해 필요한 임계값까지 올려줄 다른 형태의 물질이 존재할 가능성도 있습니다. 결론적으로 말하면, 현재의 증거는 우주가 아마도 영원히 팽창할 것임을 시사합니다. 그러나 너무 믿지는 마세요. 우리가 정말로 확신할 수 있는 것은 설령 우주가 재수축한다 하더라도, 적어도 앞으로 100억 년 동안은 그러지 않으리라는 것뿐이니까요. 재수축을 염려할 필요도 없습니다. 그때쯤이면 인류는 이미 오래전에 우리 태양이 소멸해 멸종을 맞았을 테니 말입니다. 물론 우리가 태양계 너머에 식민지들을 개척했다면 이야기가 달라질 수도 있겠지요.

## 빅 뱅

모든 프리드만 모형들은 과거 100억 년에서 200억 년 전 어느 시점에 인접한 은하들 사이의 거리가 0이었다고 추정합니다. 그 시점에 우주의 밀도와 시공의 곡률은 무한대였을 것입니다. 이는 프리드만의 모형들이 기초로 삼은 일반상대성이론이 우주에 특이점이 있다고 예측한다는 것을 의미합니다.

우리의 과학 이론들은 모두 시공이 매끄럽고 거의 평평하다는 것을 전제로 삼으므로, 시공의 곡률이 무한대인 빅뱅 특이점에선 모두 쓸모없게 될 것입니다. 따라서 빅뱅 이전에 어떤 사건들이 있었다 하더라도, 그 사건들을 이용하여 그 후의 일들을 알아낼 수 없습니다. 왜냐하면 빅뱅에서 예측가능성이 무너질 것이기 때문입니다. 마찬가지로 우리가 빅뱅 이후의 일만 안다면, 우리는 그 전에 있었던 일을 알아낼 수 없을 것입니다.

적어도 우리의 입장에서 빅뱅 이전의 사건들은 어떤 결과도 가질 수 없습니다. 그런 사건들은 과학적인 우주 모형에 포함될 수 없지요. 그러므로 우리는 그런 사건들을 모형에서 제거하고 시간이 빅뱅에서 시작되었다고 말합니다.

많은 사람들은 시간에 시작이 있다는 생각을 꺼립니다. 아마 신의 개입을 연상시키기 때문일 것입니다. 반면에 가톨릭교회는 빅뱅 이론을 받아들였고 1951년에 그 모형이 《성경》과 일치한다고 공식적으로 선언했습니다. 빅뱅이 있었다는 결론을 피하기 위한 노력은 여러 방식으로 시도되었습니다. 가장 폭넓은 지지를 받은 제안은 정상우주론으로 불립니다. 그 이론은 나치가 점령한 오스트리아에서 탈출한 허먼 본디와 토머스 골드, 그리고 영국의 프레드 호일이 1948년에 제안했습니다. 이 두 오스트리아인과 프레드 호일은 전쟁 중에 레이더 개발에 참여했지요. 핵심적인 아이디어는 은하들이 서로 멀어질 때 그 사이 공간에서 지속적으로 만들어지는 물질로부터 새로운 은하들이 계속 형성된다는 것이었습니다. 따라서 우주는 모든 지점에서 항상 대략 똑같게 보일 것이었습니다. 정상우주론은 지속적인 물질 창조를 허용하도록 일반상대성이론을 수정할 것을 요구했지만, 그 물질 창조의 속도가 1년에 1세제곱킬로미터당 입자 1개일 정도로 매우 낮았기 때문에 실험과 상충하지 않았습니다. 그 이론은 단순하고 관측로 검증할 수 있는 확실한 예측들을 내놓는다는 점에서 훌륭한 과학 이론이었지요. 그 예측들 중에는 우리가 언제 어디에서 우주를 보더라도 부피가 동일한 공간들 속에 있는 은하 혹은 그와 유사한 천체의 개수는 동일해야 한다는 것이 있었습니다.

1950년대 말과 1960년대 초 케임브리지에서 마틴 라일이 이끄는 천문학자들은 먼 우주에서 오는 전파의 근원들을 탐사하고 있었습니다. 케임브리지 연구진은 그 전파원의 대부분이 우리 은하 바깥에 있으며, 강한 전파원들보다 약한 전파원들이 훨씬 더 많다는 것을 밝혀냈습니다. 그들은 약한 전파원들이 더 멀리 있으며 강한 전파원들은 가까이 있다고 해석했지요. 그러자 일정한 부피 속에 가까운 전파원들은 적게 있고 먼 전파원들은 많이 있다는 결론이 나오는 것 같았습니다.

이 결론은 우리가 우주에 있는 큰 구역의 중심에 있으며 그 구역에는 다른 곳보다 전파원들이 적다는 것을 의미할 수 있었습니다. 혹은 전파원들은 전파가 우리를 향해 출발한 과거에 더 많았고 지금은 적다는 것을 의미할 수도 있었지요. 어느 설명이나 정상우주론의 예측들과 충돌했습니다. 게다가 펜지어스와 윌슨에 의해 1965년에 이루어진 마이크로파 복사 관측도 과거에 우주가 훨씬 더 밀도가 높았다는 점을 보여주었습니다. 그리하여 정상우주론은 유감스럽게도 폐기되어야 했습니다.

빅뱅이 있었고 따라서 시간의 시작이 있었다는 결론을 피하기 위한 또 다른 시도는 러시아 과학자 예브게니 리프시츠와 이작 칼라트니코프에 의해 1963년에 이루어졌습니다. 그들은 빅뱅은 실제 우주를 근사치로만 설명하는 프리드만 모형에만 있는 특징일 것이라고 주장했습니다. 아마도 대등하게 실제 우주에 가까운 모든 모형들 가운데 오직 프리드만의 모형만이 빅뱅 특이점을 포함할 것이라는 주장이었지요. 프리드만의 모형들에서 모든 은하들은 서로에게서 곧장 멀어집니다. 따라서 과거의 어느 시점에 은하들이 모두 같은 장소에 있었다는 것은 놀라운 일이 아닙니다. 그러나 실제 우주에서 은하들은 서로에게서 멀어질 뿐 아니라 조금씩 옆 방향 운동도 합니다. 따라서 실제로 모든 은하들은 정확히 동일한 장소에 있었을 필요는 없고 다만 서로 매우 가깝게 있기만 했을지도 모릅니다. 그렇다면 아마도 현재의 팽창하는 우주는 빅뱅 특이점의 산물이 아니라 그보다 더 이른 수축기의 산물일 것입니다. 우주가 수축했었을 때 모든 입자들이 서로 충돌하지는 않았을 것이므로, 입자들이 서로를 지나쳐 다시 멀어지면서 현재의 우주 팽창이 일어났을지도 모릅니다. 그렇다면 실제 우주가 빅뱅에서 시작되었는지 여부를 어떻게 판정할 수 있을까요?

리프시츠와 칼라트니코프는 프리드만 모형들과 유사하지만 실제 우주에 있는 은하들의 무작위한 운동과 불규칙성들을 감안한 모형들을 연구했습니다. 그들은 그런 모형들도 빅뱅에서 시작할 수 있음을 보여주었습니다. 그러나 모든 은하들이 정확하게 정해진 방식으로 운동하는 예외적인

모형들만 빅뱅에서 시작할 수 있다고 그들은 주장했습니다. 요컨대 빅뱅 특이점을 갖지 않은 유사 프리드만 모형들이 빅뱅 특이점을 가진 유사 프리드만 모형보다 무한히 더 많은 것 같으므로, 빅뱅이 있었을 개연성은 매우 낮다는 결론을 내려야 한다고 주장한 것입니다. 그러나 그들이 나중에 깨달았듯이, 특이점을 가진 유사 프리드만 모형들은 훨씬 더 많으며, 그런 모형들에서는 은하들이 특수한 방식으로 움직이지 않아도 됩니다. 결국 리프시츠와 칼라트니코프는 1970년에 자신들의 주장을 철회했습니다.

리프시츠와 칼라트니코프의 연구는 만일 일반상대성이론이 옳다면 우주는 특이점을, 곧 빅뱅을 가질 수 있다는 것을 보여주었다는 점에서 가치가 있었습니다. 그러나 그들의 연구는 다음과 같은 핵심적인 질문에 답하지 못했지요. "일반 상대성이론은 우리 우주가 빅뱅을, 시간의 시작을 가져야 한다고 예측하는가?" 이에 대한 대답은 영국 물리학자 로저 펜로즈가 1965년에 시작한 전혀 다른 연구에서 나왔습니다. 그는 일반상대성이론 속에서 빛 원뿔이 움직이는 방식을 이용하고 중력은 항상 인력이라는 사실을 이용하여 자체 중력으로 붕괴하는 별은 그 경계가 결국 0으로 줄어드는 구역 안에 갇힌다는 것을 증명했습니다. 이는 별 속에 있는 모든 물질이 부피가 0인 구역 안으로 압축된다는 것을 의미합니다. 따라서 거기서 물질의 밀도와 시공의 곡률은 무한대가 될 것입니다. 바꿔 말하자면, 블랙홀이라고 불리는 구역 안에 들어 있는 특이점이 발생할 것입니다.

얼핏 보면 펜로즈의 결론은 과거에 빅뱅 특이점이 있었는가와 무관한 것 같습니다. 그러나 펜로즈가 그의 정리를 만들어냈을 때 저는 박사논문 주제를 애타게 찾는 연구생이었습니다. 저는 펜로즈의 정리에서 시간의 방향을 뒤집어 붕괴가 팽창이 되도록 만들어도, 현재 우주가 큰 규모에서 대략 프리드만 모형과 유사하다면, 그 정리의 조건들은 여전히 충족된다는 것을 깨달았습니다. 펜로즈의 정리는 임의의 붕괴하는 별은 특이점을 산출해야 한다는 것을 보여주었습니다. 그 정리를 토대로 삼아 시간을 뒤집어놓고 논증을 펼치니 임의의 유사 프리드만 팽창 우주는 특이점에서 시작되었어야 한다는 것이 증명되었습니다. 기술적인 이유로, 펜로즈의 정리는 우주가 공간적으로 무한할 것을 요구했습니다. 그래서 저는 우주가 재수축을 피하기에 충분할 만큼 빠르게 팽창할 때만 특이점이 존재한다는 것을 증명하는 데 그 정리를 이용할 수 있었습니다. 왜냐하면 그렇게 빠르게 팽창하는 프리드만 모형만 공간적으로 무한하기 때문이었습니다.

이후 몇 년 동안 저는 방금 언급한 것을 비롯한 전문적인 조건들을 제거해도 특이점이 발생해야 한다는 것을 증명하기 위하여 새로운 수학 기법들을 개발했습니다. 그 최종 결과는 펜로즈와 제가 공동으로 1970년에 발표한 논문이었습니다. 그 논문은 **만약 일반상대성이론이 옳고 우주가 우리가 관측하는 것만큼의 물질을 포함하고 있다면, 빅뱅 특이점이 존재했어야 한다**는 것을 증명했습니다.

우리의 연구에 대하여 많은 반론이 있었습니다. 리프시츠와 칼라트니코프가 개척한 길을 따르는 러시아인들도 반론을 펼쳤고, 특이점 자체가 불만스럽고 아인슈타인 이론의 아름다움을 망친다고 느끼는 사람들도 반론을 펼쳤지요. 그러나 수학적 정리에 대해서는 진정한 의미의 반론이 불가능합니다. 그리하여 지금은 우주에 시작이 있다는 것이 일반적으로 받아들여지고 있습니다.

# 블랙홀

검은 구멍이라는 뜻의 블랙홀,

누구나 한 번쯤 들어봤을 텐데요.

중력장이 매우 강한 어떤 별들은

빛조차 빨아들여 어떤 빛도 방출될 수 없습니다.

그런 별들을 우리는 블랙홀이라 부르지요.

신비한 블랙홀은 어떻게 만들어진 걸까요?

그리고 우린 블랙홀을 볼 수 있을까요?

블랙홀이라는 단어는 최근에 생겨났습니다. 1969년에 미국 과학자 존 휠러가 적어도 200년 전의 어떤 생각을 생생하게 묘사하기 위해 만들어 낸 단어입니다. 당시엔 빛에 대해서 두 가지 이론이 있었습니다. 하나는 빛이 입자들로 이루어졌다는 이론이었고, 다른 하나는 빛이 파동으로 이루어졌다는 이론이었지요. 오늘날 우리는 두 이론이 모두 옳다는 것을 알고 있습니다. 양자역학의 물질-입자 이중성에 의해 빛은 파동으로 간주될 수도 있고 입자로 간주될 수도 있지요. 그런데 빛이 파동으로 되어 있다는 이론을 채택하면, 빛이 중력에 어떻게 반응할지가 불분명했습니다. 반면에 빛이 입자로 이루어졌다면, 빛도 포탄이나 로켓이나 행성과 마찬가지로 중력의 영향을 받을 것이라고 예상할 수 있었습니다.

케임브리지의 학자 존 미셸은 1783년에 빛이 입자로 되어 있다는 가설을 채택하여 〈런던왕립학회 회보〉에 논문을 발표했습니다. 그 논문에서 그는 충분히 무겁고 조밀한 별은 중력장이 매우 강력해서 빛이 그 별을 빠져나가지 못할 것이라고 지적했습니다. 그 별의 표면에서 방출되는 모든 빛은 멀리 가기 전에 다시 별의 중력에 의해 끌려들어갈 것이라는 지적이었지요. 미셸은 그런 별이 많이 있을 거라고 주장했습니다. 그런 별들에서 나온 빛은 우리에게 도달할 수 없으므로 우리는 그 별들을 볼 수 없지만, 그 별들이 발휘하는 중력은 느낄 수 있을 것입니다. 오늘날 우리는 그런 대상을 블랙홀이라고 부릅니다. 왜냐하면 블랙홀이란 이름 그대로 공간에 있는 검은 구멍이기 때문입니다.

몇 년 후 프랑스 과학자 라플라스도 비슷한 주장을 했습니다. 그는 미셸의 논문을 알지 못했던 것으로 보이는데요. 흥미롭게도 라플라스는 자신의 책인 《세계의 체계》의 1판과 2판에만 그 주장을 집어넣고 나중 판본들에서는 뺐습니다. 아마도 그는 그 주장이 미친 생각이라고 판단했던 모양입니다. 실제로 뉴턴의 중력이론에서 빛을 포탄처럼 취급하는 것은 옳지 않습니다. 빛의 속도는 고정되어 있으니까요. 지구에서 위로 발사한 포탄은 중력에 의해 속도가 느려지다가 결국 멈추고 다시 떨어질 것입니다. 그러나 빛의 입자, 즉 광자$_{光子}$는 일정한 속도로 계속 위로 올라가야 합니다. 그렇다면 뉴턴의 중력은 빛에 어떻게 영향을 끼칠 수 있을까요?

▲

충분히 무겁고 조밀한 별은 매우 강한 중력장을 가지고 있어서 빛이 끌려들어 빠져나가지
못한다. 그런 별을 블랙홀이라고 한다.

중력이 빛에 끼치는 영향에 대한 일관된 이론은 아인슈타인이 1915년에 일반상대성이론을 제시할 때까지 나오지 않았습니다. 심지어 그 후에도 오랜 시간이 지난 다음에야 일반상대성이론이 무거운 별들에 대하여 갖는 의미들이 완전히 밝혀졌습니다.

어떻게 블랙홀이 형성될 수 있는지 이해하려면 먼저 별의 일생에 대하여 알아야 합니다. 별은 대부분 수소로 이루어진 다량의 기체가 자체 중력으로 인해 붕괴하기 시작할 때 만들어집니다. 기체가 수축할 때, 기체 원자들은 점점 더 자주 점점 더 높은 속도로 서로 충돌합니다. 즉, 기체의 온도가 높아집니다. 결국 기체는 매우 뜨거워져서 수소원자들이 충돌하면 튕겨나가지 않고 융합하여 헬륨원자를 형성하게 됩니다. 이 반응에서 방출되는 열은 제어된 수소폭탄에서 나오는 열과 유사한데, 그 열로 별들이 빛나게 됩니다. 이 추가적인 열도 기체의 압력을 높여서 중력과 압력이 균형을 이루게 되고, 따라서 기체는 수축을 멈춥니다. 마치 풍선에서 풍선을 팽창시키려 하는 내부 공기의 압력과 풍선을 수축시키려 하는 고무의 장력이 균형을 이루는 것처럼 말입니다.

그런 식으로 핵반응에서 나온 열과 중력이 균형을 이루어 별들은 오랫동안 안정적인 상태를 유지할 것입니다. 그러나 결국 별은 수소를 비롯한 핵연료들을 소진하게 될 것입니다. 또한 역설적이게도 처음에 더 많은 연료를 가지고 시작한 별일수록 더 일찍 연료를 소진합니다. 더 무거운 별일수록, 중력과 균형을 이루기 위해 더 뜨거워야 하기 때문입니다. 또 별

▲

두 개의 거대한 천체가 완벽하게 줄을 맞추었을 때 지구에서 볼 수 있는 아인슈타인 고리를 나타낸 작품이다. 이 그림에서는 먼 은하와 지구 사이에 블랙홀(중앙)이 놓여 있다. 먼 은하에서 오는 빛은 블랙홀 주변에서 엄청난 중력장에 의해 휘어져 빛의 고리를 형성한다. 이 현상은 '중력렌즈 효과'로 불린다. 빛이 중력에 의해 휘어질 수 있다는 생각은 알베르트 아인슈타인에 의해 일반상대성이론(1915)에서 제기되었다. 최근에 다양한 중력렌즈의 예들이 발견되었다.

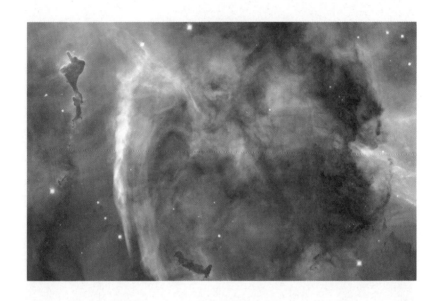

▲

용골 성운 안에 있는 신비롭고 복잡한 구조를 촬영한 사진들을 조합한 그림이다. 작고 어두운 구체들이 여러 개 보이는데, 그것들은 새 별들을 형성하기 위해 붕괴되고 있는지도 모른다. 아래쪽 중간 근처와 위쪽 왼편 가장자리에 매우 크고 경계가 선명한 먼지 구름이 있다. 그 크고 어두운 구름들은 언젠가 증발해버릴 수도 있고, 만일 밀도가 충분히 높으면 작은 성단들을 낳을 수도 있다. 전체 지름이 200광년이 넘는 용골 성운은 우리 은하의 남반구에서 가장 두드러진 광경 가운데 하나이다

▲

별의 일생을 이루는 다양한 단계들을 나사의 허블우주망원경으로 촬영하여 한 장의 컬러 사진으로 조합했다. 중앙에서 왼쪽 위에 있는 것은 SHER25로 명명된 진화한 파란 초거성이다. 거의 중앙에는 주로 어리고 뜨거운 울프레이에 별들과 초기의 O형 별들로 이루어진 이른바 별 폭발 성단starburst cluster이 있다. 그 큰 별들에서 분출된 이온화 복사와 고속의 별 바람stellar wind으로 인해 성단 주위에 커다란 빈 공간이 생겼다. 오른쪽 위의 어두운 구름들은 복 구상체Bok globule라고 한다. 그것들은 별 형성의 초기 단계로 추정된다

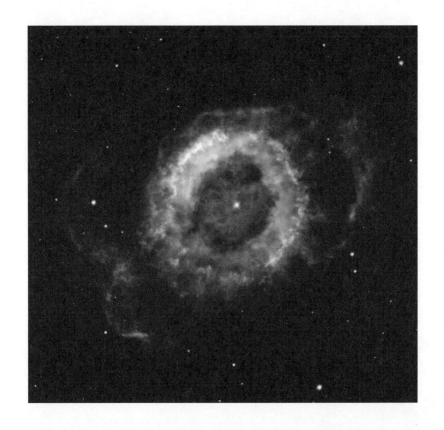

▲

행성상 성운 NGC6369는 아마추어 천문학자들 사이에서 '작은 유령 성운'으로 불린다. 유령 같은 작은 구름이 중앙에서 죽어가는 희미한 별을 둘러싼 모양이기 때문이다. 우리의 태양과 질량이 비슷한 별이 종말에 이르면, 별은 크게 팽창하여 적색거성이 된다. 적색거성 단계가 끝날 때 별은 외곽 층들을 우주로 방출하여 희미하게 빛나는 성운을 형성한다. 이제 중심에 남은 별의 핵은 주위의 기체로 자외선을 내뿜는다. 그림에 있는 성운의 본체에서 멀리 떨어진 곳에는 더 희미한 기체가 흔적처럼 있는데, 그것은 기체 방출 과정의 초기에 별에서 떨어져나온 것이다. 우리의 태양도 이와 비슷한 성운을 방출할 수 있지만, 앞으로 50억 년 동안은 그러지 않을 것이다. 이 기체는 초속 약 24킬로미터의 속도로 별에서 멀어져 약 1만 년 후에는 항성 간 공간으로 흩어질 것이다. 그 후에 중앙에 남은 별의 잔해는 작은 백색왜성으로서 수십억 년 동안 식어가다가 결국 종말을 맞는다.

이 더 뜨거울수록, 연료 소모가 더 빠릅니다. 우리의 태양은 앞으로 50억 년 정도 쓰기에 충분한 연료를 가지고 있는 듯합니다. 반면에 더 무거운 별들은 우주의 나이보다 훨씬 적은 1억 년 만에 연료를 소진할 수 있습니다. 연료를 소진한 별은 식으면서 수축하기 시작합니다. 그 후에 일어나는 일은 1920년대 말에 비로소 밝혀졌습니다.

1928년에 수브라마니안 찬드라세카르라는 인도의 대학원생이 케임브리지 대학에서 영국 천문학자 아서 에딩턴 경과 함께 연구하기 위해 고향을 떠났습니다. 에딩턴은 일반상대성이론 전문가였지요. 전하는 이야기에 따르면, 1920년대 초에 어느 기자가 에딩턴에게 일반상대성이론을 이해한 사람이 세상에 단 세 명뿐이라는 말을 들었다고 하자 에딩턴은 이렇게 대답했다고 합니다. "세 번째 인물이 누구인지 잘 모르겠군요."

인도에서 영국으로 여행하는 도중에 찬드라세카르는 별이 연료를 다 소진한 후에도 자체 중력에 저항할 수 있으려면 별의 크기가 최대 얼마일 수 있는지 계산했습니다. 그의 아이디어는 이러했습니다. 별이 작아지면 물질 입자들은 서로 가깝게 모입니다. 그러나 파울리 배타원리에 따라 두 입자의 위치와 속도는 동일할 수 없습니다. 따라서 물질 입자들은 각각 속도가 매우 달라야 합니다. 그리하여 물질 입자들은 서로에게서 멀어져 별이 팽창하도록 만듭니다. 그러므로 별은 중력의 인력과 배타원리에서 비롯된 척력이 균형을 이루어 일정한 반지름을 유지할 수 있습니다. 그 이전 단계의 별에서 중력이 열과 균형을 이루었던 것과 마찬가지로 말입니다.

그러나 찬드라세카르는 배타원리가 규정하는 척력에 한계가 있다는 것을 깨달았습니다. 상대성이론은 별 속에 있는 물질 입자들의 속도 차이가 광속을 넘지 않도록 한계를 부여합니다. 이는 별이 충분히 조밀하면 배타원리에서 비롯된 척력이 중력의 인력보다 작을 것임을 의미했습니다. 찬드라세카르는 태양보다 질량이 1.4배 이상 큰 차가운 별은 자체 중력에 저항할 수 없다는 것을 계산해냈습니다. 오늘날 그 질량은 '찬드라세카르 한계'로 불리지요.

이 사실은 무거운 별들의 운명과 관련하여 중요한 의미를 띱니다. 만일 별의 질량이 찬드라세카르 한계보다 작으면, 별은 결국 수축을 멈추고 반지름이 수천 킬로미터이며 밀도가 1세제곱인치당 수백 톤인 백색왜성으로 최종 단계에 정착할 수 있습니다. 백색왜성은 물질 속에 있는 전자들 사이의 배타원리에서 비롯된 척력에 의해 유지됩니다. 우리는 그런 백색왜성들을 많이 관측할 수 있습니다. 가장 먼저 발견된 것들 중 하나는 밤하늘에서 가장 밝은 별인 시리우스를 도는 백색왜성이지요.

질량이 태양의 1~2배인 별은 또 다른 종말을 맞을 수도 있다는 사실이 알려졌습니다. 그 상태의 별은 백색왜성보다 훨씬 더 작습니다. 그런 별들은 전자들 사이의 배타원리가 아니라 중성자들과 양성자들 사이의 배타원리에서 비롯된 척력에 의해 유지됩니다. 그래서 그런 별들은 중성자

별로 불리지요. 중성자별의 반지름은 16킬로미터 정도에 불과하고 밀도는 1세제곱인치당 1억 톤에 달합니다. 중성자별이 처음 예측되었을 때는 중성자별을 발견할 길이 없었습니다. 중성자별은 훨씬 더 나중에야 탐지되었지요.

한편, 찬드라세카르 한계보다 질량이 큰 별들은 연료를 소진할 경우 심각한 문제에 처합니다. 어떤 경우에는 별들이 폭발하면서 충분한 물질을 방출하여 질량을 찬드라세카르 한계 이내로 줄일 수도 있겠지만, 별의 크기와 상관없이 그런 일이 항상 발생한다고 믿기는 어려웠습니다. 질량을 줄여야 한다는 것을 별이 어떻게 알겠습니까? 설령 모든 별이 충분히 질량을 줄이는 데 성공한다 하더라도, 만일 우리가 백색왜성이나 중성자별에 질량을 추가하여 찬드라세카르 한계를 넘게 만들면 어떤 일이 벌어질까요? 그러면 별은 붕괴하여 무한한 밀도에 이를까요?

에딩턴은 경악하면서 찬드라세카르의 결론을 믿지 않았습니다. 그는 별이 한 점으로 붕괴하는 것은 불가능한 일이라고 생각했지요. 대부분의 과학자들 생각도 그랬습니다. 심지어 아인슈타인은 별들의 크기가 0으로 줄어들 수 없다고 주장하는 논문을 썼습니다. 다른 과학자들의 반감과 특히 과거의 스승이며 별의 구조에 관한 한 최고 권위자인 에딩턴의 반감에 부딪힌 찬드라세카르는 연구의 방향을 돌려 다른 천문학 문제들에 뛰어들었습니다. 그러나 그는 1983년에 노벨상을 받았습니다. 그의 수상은 적어도 부분적으로는 차가운 별의 한계 질량에 관한 그의 초기 연구 덕분이

▲

**별의** 질량이 찬드라세카르 한계보다 작으면, 별은 결국 수축을 멈추고 백색왜성으로서 최종 단계에 정착할 수 있다. 우리 은하 속에서 백색왜성들을 관측할 수 있다. 구상성단 M4에 위치한 이 다 타버리고 남은 작은 별들은 나이가 약 120~130억 년이다. 이 성단이 형성되는 데는 빅뱅 후 10억 년이 걸렸다. 천문학자들은 이 두 연수를 합하여 이전에 추정한 빅뱅의 시기인 130~140억 년 전과 일치하는 결과를 얻었다. 위의 사진은 지상의 천문대에서 촬영한 것으로 성 단 전체를 보여주는데, 지름 10~30광년의 공간 안에 수십만 개의 별들이 들어 있다(1995). 왼쪽 아래의 사진은 허블우주망원경으로 촬영한 성단의 일부이다. 그보다 더 작은 구역은 오른쪽 아 래의 사진이 보여준다. 허블망원경은 이 작은 구역에서 다수의 희미한 백색왜성들을 찾아냈다. 작은 동그라미로 표시한 것들이 백색왜성이다. 이 극도로 희미한 별들을 식별하기 위해 67일에 걸쳐 노출시간의 총합이 거의 8일이 되도록 촬영했다.

이 별 무리는 M80(NGC6093)으로, 우리 은하에 있는 알려진 구상성단 147개 가운데 가장 조밀한 것에 속한다. 지구에서 약 2만8천 광년 떨어진 M80은 수십만 개의 별을 포함하는데, 별들은 모두 상호 간의 중력으로 인해 모여 있다. 구상성단은 별의 진화를 연구하는 데 특히 유용하다. 왜냐하면 구상성단을 이루는 모든 별들은 나이가 같고(약 130억 년) 질량이 다양하기 때문이다. 이 사진 속에 있는 별들은 우리의 태양보다 더 진화한 별이 대부분이며 극소수는 우리 태양보다 질량이 더 크다. 특히 눈에 띄는 것은 밝은 적색거성들로, 우리의 태양과 질량이 유사한 이 별들은 생애 마지막 순간에 다다랐다.

었지요

찬드라세카르는 배타원리로 찬드라세카르 한계보다 질량이 더 큰 별의 붕괴를 막을 수 없다는 것을 보여주었습니다. 그러나 그런 별에 무슨 일이 일어날지를 일반상대성이론에 입각하여 이해하는 문제는 1939년에 젊은 미국인 로버트 오펜하이머에 의해 비로소 풀렸습니다. 하지만 그의 결론은 당대의 망원경으로 탐지할 수 있는 결과들이 없다는 것이었지요. 그 후 전쟁이 터졌고, 오펜하이머도 원자폭탄 프로젝트에 깊이 관여하게 되었습니다. 전쟁 후에 중력붕괴 문제는 거의 잊혀졌고, 대부분의 과학자들은 원자와 원자핵의 규모에서 일어나는 일에 관심을 기울였습니다. 그러나 1960년대에 이르러 현대적인 기술 덕에 천문 관측의 규모와 범위가 대폭 커지면서 천문학과 우주과학의 거대한 문제들이 부활했습니다. 결국 여러 사람들에 의해 오펜하이머의 연구가 재발견되고 확장되었지요.

오늘날 우리는 오펜하이머의 연구를 토대로 이런 묘사를 할 수 있습니다. 별의 중력장은 시공 속에서 빛의 경로를 바꿉니다. 빛 원뿔은 원뿔의 꼭지점에서 방출된 섬광들이 시공 속에서 따르는 경로를 나타냅니다. 그런데 빛 원뿔은 별의 표면 근처에서 약간 안으로 기웁니다. 이 점은 일식 동안에 관측되는 먼 별들의 빛이 휘어지는 것에서 확인할 수 있습니다. 별이 수축하면 별 표면의 중력장은 점점 더 강해지고, 빛 원뿔들은 더욱 더 안쪽으로 기웁니다. 그렇게 되면 빛이 별을 빠져나가기가 더 어려워

## ●원시 팽대부의 붕괴

**1.** 원시적인 수소 구름이 작은 블랙홀 '씨앗'을 중심으로 붕괴한다.

**2.** 모여드는 기체가 블랙홀에 더 많은 질량을 공급하고 별들을 형성한다.

**3.** 그 결과 거대한 타원은하가 형성된다. 블랙홀은 성장을 멈춘다.

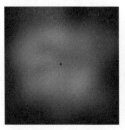    

## ●은하 충돌

**1.** 중심에 블랙홀을 가진 원반은하 두 개가 서로 접근한다.

**2.** 은하들이 충돌하고, 두 은하의 핵과 블랙홀이 융합하기 시작한다.

**3.** 그 결과 중심에 더 크게 성장한 블랙홀을 가진 거대한 타원은하가 형성된다.

 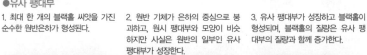

## ●유사 팽대부

**1.** 최대 한 개의 블랙홀 씨앗을 가진 순수한 원반은하가 형성된다.

**2.** 원반 기체가 은하의 중심으로 붕괴하고, 원시 팽대부와 모양이 비슷하지만 사실은 원반의 일부인 유사 팽대부가 성장한다.

**3.** 유사 팽대부가 성장하고 블랙홀이 형성되며, 블랙홀의 질량은 유사 팽대부의 질량과 함께 증가한다.

 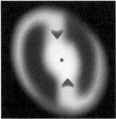 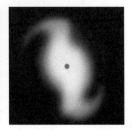

블랙홀을 키우는 세 가지 방법

**수축이** 심해져 블랙홀이 되는 별에서 보낸 신호는 강한 중력장 때문에 바깥으로 나가지 못한다(사건의 지평선). 따라서 우주선에 있는 동료들은 별에서 우주인이 보낸 11시 신호를 결코 볼 수 없다.

지므로, 별빛은 멀리 있는 관측자에게 더 희미하고 붉게 보입니다.

결국 별이 특정 한계 반지름보다 더 수축하면, 표면의 중력장이 매우 강해져서 빛 원뿔들은 안쪽으로 심하게 기울고 빛은 더 이상 빠져나가지 못합니다. 상대성이론에 따르면 어떤 것도 빛보다 빠르게 이동할 수 없지요. 따라서 빛이 빠져나갈 수 없다면, 어떤 것도 빠져나갈 수 없습니다. 모든 것이 중력장에 의해 안쪽으로 끌려들어갑니다. 따라서 우리는 사건들의 한 집합을, 시공의 한 구역을 갖게 되는데, 그 구역을 빠져나가 먼 관측자에게 도달하는 것은 불가능합니다. 오늘날 이 구역은 블랙홀이라고 불립니다. 블랙홀의 경계는 사건의 지평선이라고 하는데요. 사건의 지평선은 블랙홀을 빠져나가는 데 아슬아슬하게 실패하는 광선들의 경로와 일치합니다.

별이 붕괴해 블랙홀을 형성하는 것을 관측한다면 무엇을 보게 될까요? 이 질문에 대답하려면 상대성이론에서는 절대시간이 없다는 점을 상기해야 합니다. 관측자들은 모두 자기 고유의 시간 척도를 가집니다. 별의 중력장 때문에, 별에 있는 사람의 시간은 멀리 있는 사람의 시간과 다를 것입니다. 그 차이는 지구에서 배수탑의 꼭대기와 바닥에 시계를 놓고 수행한 실험에서도 측정되었습니다. 어느 용감한 우주인이 붕괴하는 별의 표면에서 자기의 시계를 보면서 1초에 한 번씩 우주선으로 신호를 보낸다고 해봅시다. 그의 시계로 특정 시점에, 이를테면 11시 정각에 별은 중력장이 매우 강해져서 신호가 우주선에 도달할 수 없는 임계 반지름 아래로

쪼그라듭니다.

우주선에서 별을 바라보는 동료들은 11시 정각이 다가옴에 따라 잇따르는 신호들 사이의 간격이 점점 더 길어지는 것을 발견할 것입니다. 그러나 그 효과는 10시 59분 59초까지는 매우 작을 것입니다. 동료들은 우주인의 10시 59분 58초 신호를 받은 후 1초보다 약간만 더 기다리면 우주인이 자기 시계로 10시 59분 59초에 보낸 신호를 받을 것입니다. 그러나 11시 정각 신호는 영원히 받지 못할 것입니다. 별에 있는 우주인이 보기에 10시 59분 59초와 11시 정각 사이에 별 표면에서 방출된 빛 파동들은, 우주선의 동료들이 보기에 시간적으로 무한히 펼쳐질 것입니다.

잇따른 파동들이 우주선에 도착하는 시간 간격은 점점 더 길어질 것이고, 따라서 별에서 오는 빛은 점점 더 붉고 희미하게 보일 것입니다. 결국 별은 우주선에서 볼 수 없을 정도로 희미해질 것입니다. 그다음에 남는 것은 블랙홀뿐이지요. 하지만 별은 여전히 똑같은 중력을 우주선에 발휘할 것입니다. 왜냐하면 우주선은 여전히 적어도 원리적으로는 별을 볼 수 있기 때문입니다. 다만 별 표면에서 나온 빛이 중력장에 의해 너무 심하게 적색편이 되어 보이지 않을 뿐입니다. 하지만 적색편이는 별의 중력장 자체에 아무런 영향을 끼치지 않습니다. 따라서 우주선은 계속해서 블랙홀 주위를 돌 것입니다.

로저 펜로즈와 내가 1965년부터 1970년까지 수행한 연구는, 일반상대성이론에 따르면 블랙홀 안에 밀도가 무한한 특이점이 있어야 한다는 것을 보여주었습니다. 그 특이점은 시간의 시초에 있는 빅뱅과 매우 유사하지요. 다만 블랙홀 특이점은 붕괴하는 물체와 우주인의 입장에서 시간의 끝이라는 점만 다릅니다. 그 특이점에서 과학법칙들과 우리의 미래예측 능력은 쓸모없어집니다. 그러나 블랙홀 외부에 머문 관측자에게는 이 예측가능성 파괴가 아무런 문제가 되지 않습니다. 빛을 비롯하여 그 어떤 신호도 그 특이점에서 나와 관측자에게 도달할 수 없으니까요.

이 주목할 만한 사실에 이끌려 로저 펜로즈는 우주 검열 가설을 제안했습니다. 그의 제안을 "신은 벌거벗은 특이점을 싫어한다"라는 말로 바꾸어 표현할 수 있을 것입니다. 다시 말해 중력붕괴에 의해 만들어진 특이점들은 오직 블랙홀처럼 사건의 지평선에 의해 외부의 시선으로부터 단정하게 가려진 장소에서만 발생해야 한다는 제안입니다. 엄밀히 말해서 이른바 '약한 우주 검열 가설'은 이렇습니다. 블랙홀 외부의 관측자들은 특이점에서 모든 예측가능성이 무너지는 영향으로부터 보호됩니다. 그러나 블랙홀로 떨어진 가련한 우주인에게는 이런 보호가 결코 없습니다. 신은 그 우주인도 보호해야 하지 않을까요?

한편, 우리의 우주인이 벌거벗은 특이점을 볼 수 있게 해주는 일반상대성이론 방정식의 해들이 존재합니다. 그는 특이점에 도달하는 대신에 '웜홀벌레구멍'을 통과하여 우주의 다른 구역으로 나올 수도 있습니다. 그렇다면 시공간 여행을 위한 엄청난 가능성들이 열릴 것입니다. 그러나 안타깝게도 그런 해들은 매우 불안정한 것처럼 보입니다. 약간의 요동만 있어도, 예컨대 우주인 한 명만 있어도 해들이 달라져, 우주인은 특이점을 보지 못한 채 특이점에 도달하고, 그의 시간은 끝나게 되는 것 같습니다. 다시 말해 특이점은 항상 우주인의 미래에 있으며 결코 그의 과거에 있지 않습니다.

'강한 우주 검열 가설'은 실제 해에서 특이점들은 항상 중력붕괴의 특이점처럼 전적으로 미래에 있거나 빅뱅처럼 전적으로 과거에 있다고 주장합니다. 약한 우주 검열 가설이나 강한 우주 검열 가설이 타당하다면 매우 바람직할 것입니다. 왜냐하면 벌거벗은 특이점에 접근하면 과거로의 여행이 가능할 수도 있기 때문입니다. 하지만 그렇게 된다면 과학소설가는 반색하겠지만, 그런 여행의 가능성은 모든 사람의 생명을 위태롭게 만듭니다. 누군가 과거로 가서 여러분이 잉태되기 전에 여러분의 아버지나 어머니를 죽일 수도 있을 테니까 말입니다.

블랙홀을 만들어내는 중력붕괴에서 모든 운동들은 중력파의 방출에 의해 억제될 것입니다. 따라서 블랙홀이 머지않아 정적인 상태에 이를 것이라고 예상할 수 있습니다. 일반적으로 학자들은 그 마지막 정적인 상태가 블랙홀로 붕괴한 물체들이 어떤 것이냐에 따라 결정될 것이라고 생각했습니다. 블랙홀은 임의의 모양과 크기를 가질 수 있고, 심지어 그 모양이 고정되지 않고 맥동할 수도 있다고 말이지요.

그러나 1967년에 블랙홀 연구는 더블린에서 워너 이스라엘이 쓴 논문에

▲

"신은 벌거벗은 특이점을 싫어한다"라는 말로 표현할 수 있는 우주 검열 가설은 중력붕괴에 의해 산출된 특이점들이 오로지 블랙홀처럼 사건의 지평선에 의해 외부의 시선으로부터 '단정하게' 가려진 장소에서만 발생한다고 주장한다. 우주 공간에 떠 있는 우주인조차도 특이점에 도달할 때까지 특이점을 보지 못할 것이며, 특이점에 도달하면 그의 시간은 끝날 것이다.

의해 전환기를 맞았습니다. 이스라엘은 회전하지 않는 모든 블랙홀은 완벽하게 공 모양이어야 한다는 것을 증명했습니다. 더 나아가 블랙홀의 크기는 오로지 질량에 의해 결정됩니다. 게다가 블랙홀은 일반상대성이론이 발표된 직후인 1917년에 카를 슈바르츠실트가 발견한 아인슈타인 방정식의 특정 해에 의해 기술될 수 있습니다. 처음에 이스라엘 자신을 비롯한 많은 사람들은 이스라엘이 얻은 결과가 블랙홀은 오직 완벽하게 공 모양인 물체가 붕괴할 때만 만들어진다는 증거라고 해석했습니다. 그런데 어떤 물체도 완벽하게 공 모양은 아니므로, 중력붕괴는 일반적으로 벌거벗은 특이점들을 산출할 것이라고 추론할 수 있었습니다. 하지만 특히 로저 펜로즈와 존 휠러에게서 유래했다고 알려진 다른 해석이 있었습니다. 그 해석에 따르면, 블랙홀은 유체로 된 공처럼 행동해야 합니다. 어떤 물체가 처음에는 공 모양이 아니었다 할지라도, 그것이 붕괴하여 블랙홀을 형성

▶

### 은하의 크기와 블랙홀의 질량

타원은하 4개의 중심을 비교한 이 그림은 은하 중심의 별 집단이 클수록 은하의 블랙홀이 더 무겁다는 것을 보여준다. 왼쪽 흑백사진들은 지상의 망원경으로 은하들을 촬영한 것들이다. 작은 네모들은 중심의 별 무리를 나타낸다. 중간 세로줄 사진들은 허블우주망원경에 탑재된 카메라로 촬영한 것들로 은하들의 중심 구역을 상세히 보여준다. 오른쪽 세로줄은 블랙홀들의 질량과 함께 사건의 지평선들의 상대적인 크기를 보여준다.

천문학자들은 블랙홀의 질량을 그 주위를 도는 별들의 운동을 측정하여 알아냈다. 별들은 블랙홀에 접근할수록 더 빠르게 움직인다. 천문학자들은 블랙홀의 질량과 은하의 중심 구역에 있는 별들의 평균속도 사이에 성립하는 주목할 만한 상관관계를 발견했다. 곧 별들의 운동이 빠를수록, 블랙홀은 더 크다. 이 정보는 은하가 탄생하기 이전에 거대한 블랙홀이 있었던 것이 아니라 은하 중심의 블랙홀이 은하와 함께 진화했음을 시사한다. 블랙홀은 은하 중심의 별들과 기체를 놀라울 정도도 정확한 양만큼 빨아들임으로써 은하와 함께 진화했다

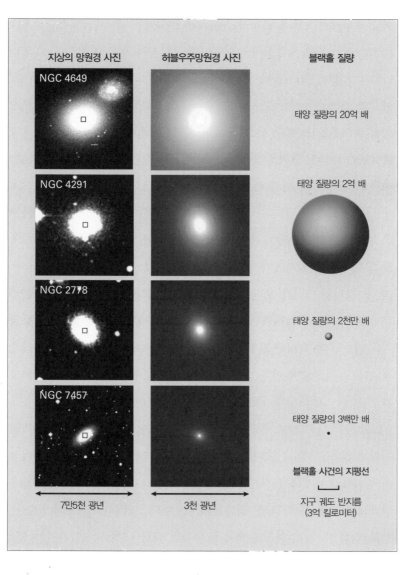

지상의 망원경 사진　　　허블우주망원경 사진　　　블랙홀 질량

NGC 4649　　　　　　　　　　　　　　　　　　태양 질량의 20억 배

NGC 4291　　　　　　　　　　　　　　　　　　태양 질량의 2억 배

NGC 2778　　　　　　　　　　　　　　　　　　태양 질량의 2천만 배

NGC 7457　　　　　　　　　　　　　　　　　　태양 질량의 3백만 배

　　　　　　　　　　　　　　　　　　　　　　블랙홀 사건의 지평선

7만5천 광년　　　　　　3천 광년　　　　　　지구 궤도 반지름
　　　　　　　　　　　　　　　　　　　　　　(3억 킬로미터)

하면 중력파의 방출로 인해 공 모양으로 정착해야 합니다. 이 견해는 이후의 계산들에 의해 뒷받침되어 널리 받아들여지게 되었습니다.

이스라엘이 얻은 결과는 회전하지 않는 물체로부터 형성된 블랙홀에만 타당했습니다. 유체로 된 공에 유비한다면, 회전하는 물체가 붕괴해서 형성된 블랙홀은 완벽한 공 모양이 아닐 것이라고 예상할 수 있지요. 그런 블랙홀은 회전의 효과로 인해 적도 근처도 부풀어 있을 것입니다. 우리는 대략 25일마다 한 번씩 자전하는 태양의 적도 근처가 약간 부풀어 있는 것을 관측할 수 있습니다. 1963년에 뉴질랜드인 로이 커는 일반상대성이론 방정식에 대한 블랙홀 해들을 발견했습니다. 그의 해들은 슈바르츠실트 해보다 더 일반적이었지요. 그 '커 블랙홀' 들은 일정한 속도로 회전하며, 그 크기와 모양은 오직 질량과 회전속도에 의해 결정됩니다. 만일 회전이 0이라면, 커 블랙홀은 완벽하게 공 모양이고 해는 슈바르츠실트 해와 동일합니다. 그러나 회전이 0이 아니라면, 커 블랙홀은 적도 근처가 부풉니다. 그러므로 회전하는 물체가 붕괴하여 블랙홀을 형성하면 커의 해가 기술하는 최종 상태가 될 것이라는 추측은 자연스러웠습니다.

1970년에 나의 동료이자 연구생인 브랜던 카터는 이 추측을 증명하기 위한 첫걸음을 내디뎠습니다. 그는 만일 일정하게 회전하는 블랙홀이 마치 팽이처럼 대칭축을 가진다면, 블랙홀의 크기와 모양은 오직 질량과 회전속도에 의해 결정된다는 것을 증명했습니다. 이어서 1971년에 나는 일정하게 회전하는 임의의 블랙홀은 실제로 그런 대칭축을 가진다는 것을 증명했지요. 마지막으로 1973년에 런던 킹스 칼리지의 데이비드 로빈슨은 카터와 나의 결과를 이용하여 그 추측이 옳다는 것을 증명했습니다. 회전하는 물체가 붕괴하여 형성된 블랙홀은 실제로 커의 해이어야 합니다.

요컨대 중력붕괴 후 정상定常, stationary 상태에 정착한 블랙홀은 회전할 수는 있어도 맥동할 수는 없습니다. 더 나아가 **블랙홀의 크기와 모양은, 붕괴하여 블랙홀을 형성한 물체가 무엇인지와 무관하고 다만 블랙홀의 질량과 회전속도에 의해서만 결정됩니다.** 이 결과는 "블랙홀은 털이 없다"라는 격언으로 알려지게 되었지요. 무슨 뜻이냐 하면, 블랙홀이 형성될 때 붕괴한 물체에 관한 매우 많은 양의 정보가 사라져야 한다는 뜻입니다. 붕괴 이후에 우리가 그 물체에 대하여 측정할 수 있는 것은 질량과 회전속도뿐이니까요. 이 사실의 중요성은 다음 강의에서 논할 것입니다. 무모無毛, no-hair 정리는 실질적으로도 중요한 의미를 띕니다. 왜냐하면 이 정리가 존재 가능성이 있는 블랙홀의 유형을 강력하게 제한하기 때문이지요. 그러므로 우리는 블랙홀을 포함하고 있을 만한 대상들의 모형을 상세하게 만들 수 있고, 그 모형의 예측들을 실제 관측과 비교할 수 있습니다.

블랙홀은 과학사에서 관측 증거가 나오기 전에 이론이 수학적 모형으로서 상세히 발전한 매우 드문 사례들 중 하나입니다. 실제로 이 점은 블랙홀에 반대하는 사람들이 내세운 주된 논거였지요. 미심쩍은 일반상대성이론에 기초한 계산을 유일한 증거로 가진 대상을 어떻게 믿을 수 있을까요?

　그러나 1963년에 캘리포니아 주 팔로마 산 천문대의 천문학자 마르텐 슈미트는 3C273<sup>세 번째 케임브리지 전파광원 목록에서 273번 광원</sup>으로 명명된 전파광원 방향에서 별과 유사하며 희미한 천체를 발견했지요. 그 천체의 빛을 측정한 그는 적색편이가 중력장에 의해 유발될 수 없을 정도로 크다는 것을 발견했습니다. 만일 그것이 중력에 의한 적색편이라면, 그 천체는 태양계 행성들의 궤도를 혼란시킬 정도로 무겁고 우리와 가까워야 했습니다. 따라서 그 적색편이는 우주의 팽창에서 비롯된 것으로 보였고, 이는 그 천체가 아주 멀리 떨어져 있음을 의미했습니다. 또 그렇게 먼 곳에 있으면서도 우리에게 관측되려면 그 천체는 매우 밝고 어마어마한 에너지를 방출해야 했습니다.

　그렇게 많은 에너지를 산출할 만한 메커니즘으로 생각할 수 있는 것은 별 하나가 아니라 은하의 중심 구역 전체가 중력붕괴하는 과정뿐인 듯했습니다. 그 천체는 퀘이사, 즉 '별과 유사한 천체<sup>준성</sup>'로 명명되었습니다. 이후 여러 퀘이사들이 발견되었고, 모두들 적색편이가 컸습니다. 그러나 그것들은 너무 멀리 있고 관측하기가 너무 어려워서 블랙홀의 존재에 대한 결정적 증거를 제공하지는 못하지요.

　블랙홀의 존재에 힘을 실어준 또 다른 사건은 1967년에 케임브리지 대학의 연구생 조셜린 벨이 규칙적으로 맥동하는 전파를 방출하는 천체들을 발견한 것이었는데요. 처음에 조셜린과 그녀의 지도교수 앤서니 휴이

시는 어쩌면 우리 은하에 있는 외계 문명과 접촉한 것인지도 모른다고 생각했지요. 제가 기억하건대 실제로 그들은 이 발견을 발표하는 세미나에서 처음 찾아낸 네 개의 광원들을 LGM 1~4로 명명했습니다. LGM은 '녹색 난쟁이들Little Green Men'의 약자입니다.

그러나 결국 그들을 비롯한 모든 사람들은 실제로 그 천체들은 회전하는 중성자별에 불과하다는 덜 낭만적인 결론을 내렸습니다. 그 천체들엔 펄서라는 이름이 붙여졌습니다. 펄서가 맥동하는 전파를 방출하는 것은 펄서의 자기장과 주변의 물질이 복잡한 상호작용을 하기 때문입니다. 이 결론은 과학소설가들에게는 나쁜 소식이었지만 당시에 블랙홀의 존재를 믿었던 우리 같은 사람들에게는 매우 고무적인 소식이었습니다. 그것은 중성자별이 존재한다는 최초의 긍정적 증거였으니까요. 중성자별의 반지름은 약 16킬로미터로 별이 블랙홀이 되는 임계 반지름보다 겨우 몇 배 큽니다. 어떤 별이 중성자별만큼 작게 붕괴할 수 있다면, 다른 별들은 더 작게 붕괴하여 블랙홀이 될 수 있다는 생각은 더 이상 터무니없지 않았습니다.

앞서 말했듯이, 블랙홀은 어떤 빛도 내지 않는 천체로 정의되어 있습니다. 그렇다면 우리는 도대체 어떻게 블랙홀을 탐지할 수 있을까요? 블랙홀을 찾아내는 일을 캄캄한 석탄 창고에서 검은 고양이를 찾아내는 일과 비슷한 것으로 여길 수도 있겠지요. 그러나 다행스럽게도 찾아낼 방도가 있습니다. 왜냐하면 존 미셸이 1783년의 선구적인 논문에서 지적했듯이 블랙홀은 근처의 천체들에 중력을 발휘하기 때문입니다. 천문학자들은 중력에 이끌려 서로의 주위를 도는 별 두 개로 이루어진 계를 다수 관측했습니다. 또 보이는 별 하나가 보이지 않는 짝의 주위를 도는 계들도 관측되었지요.

물론 그 짝이 블랙홀이라고 단박에 결론지을 수는 없습니다. 그 짝은 너무 희미해서 보이지 않는 별에 불과할 수도 있으니까요. 그러나 백조자리 X-1을 비롯한 몇몇 계들은 강력한 X선을 방출하는 광원이기도 합니다. 이 현상에 대한 최선의 설명은 X선이, 보이는 별의 표면에서 떨어져 나온 물질에 의해 만들어진다는 것입니다. 보이는 별은 보이지 않는 짝을 향해 추락하면서 마치 욕조 밑으로 빠져나가는 물처럼 나선운동을 합니다. 이때 그 별은 매우 뜨거워져서 X선을 방출하지요. 이렇게 되려면, 보이지 않는 천체는 백색왜성이나 중성자별이나 블랙홀처럼 매우 작아야 합니다.

한편 보이는 별의 운동을 관측함으로써 보이지 않는 천체의 최소 질량을 계산할 수 있습니다. 백조자리 X-1의 경우 그 질량은 태양의 6배 정도입니다. 그렇다면 찬드라세카르의 연구 결과에 따라서 백조자리 X-1에 속한 보이지 않는 천체는 너무 무거워서 백색왜성일 수 없습니다. 또 중성자별일 수도 없지요. 그러므로 그 천체는 블랙홀일 수밖에 없는 듯합니다.

블랙홀을 거론하지 않으면서 백조자리 X-1을 설명하는 다른 모형들도 존재합니다. 그러나 모두 상당히 억지스럽습니다. 관측된 바를 정말로 자연스럽게 설명하는 유일한 모형은 블랙홀인 것 같습니다. 그럼에도 불구하고 저는 캘리포니아 공과대학의 킵 손과 내기를 하기로 했지요. 저는 백조자리 X-1에 블랙홀이 없다는 쪽에 걸었습니다. 저로서는 일종의 보험 전략인 셈이지요. 저는 블랙홀에 대해 많은 연구를 했는데요, 만일 블랙홀이 존재하지 않는다고 판명되면 그 연구들은 전부 쓰레기가 될 것입니다. 그러나 그럴 경우 저는 내기에서 이겨 유머 잡지 〈프라이빗 아이〉를 4년 동안 무료로 구독하는 것에서 위안을 찾을 수 있을 것입니다. 만일 블랙홀이 존재하면, 킵은 야한 잡지 〈펜트하우스〉를 1년 동안 무료로 구독하게 됩니다. 내기를 건 때인 1975년에 우리는 백조자리 X-1에 블랙홀이 있다는 것을 80퍼센트 확신했으므로 보상을 그렇게 책정했던 것이죠. 현재 우리는 95퍼센트 확신하고 있기 때문에 저는 킵에게 그 잡지를 사주었습니다.

우리 은하에 있는 다른 많은 계들에서도 블랙홀의 증거를 찾을 수 있으며, 훨씬 더 큰 블랙홀의 증거는 다른 은하들과 퀘이사들의 중심에서 찾을 수 있습니다. 또한 지구보다 질량이 훨씬 작은 블랙홀들이 존재할 가능성도 고려할 수 있습니다. 그런 블랙홀들은 질량이 찬드라세카르 한계보다 작으므로 중력붕괴에 의해 형성될 수 없습니다. 그렇게 질량이 작은 별은 핵연료를 소진한 다음에도 자체 중력으로 붕괴하여 블랙홀이 될 수 없습니다. 따라서 질량이 작은 블랙홀들은 오직 매우 큰 외부 압력에 의해 물질이 엄청난 밀도로 압축될 때만 형성될 수 있습니다. 그런 상황은 매우

큰 수소폭탄에서 일어날 수 있는데요. 물리학자 존 휠러는 계산을 통해 만일 전 세계의 바다에 있는 모든 중수중수소와 산소의 결합으로 만들어진 물를 재료로 쓴다면, 중심에 있는 물질을 블랙홀이 생길 정도로 압축할 수 있는 수소폭탄을 만들 수 있다는 사실을 알아낸 바 있습니다. 그러나 안타깝게도 그러면 그 블랙홀을 관측할 사람이 한 명도 남아 있지 않겠지요.

현실적으로 가능성이 더 큰 설명은 그런 소질량 블랙홀들이 매우 이른 시기 우주의 고온과 고압 속에서 형성되었다는 것입니다. 만일 초기 우주가 완벽하게 매끄럽고 균일하지 않았다면, 블랙홀들이 형성되었을 수 있습니다. 왜냐하면 그 시기에 평균보다 더 조밀한 작은 구역이 위에 설명한 방식으로 압축되어 블랙홀을 만들어냈을 수 있기 때문입니다. 그런데 우리는 초기 우주에 약간의 불규칙성이 있었다는 것을 알고 있습니다. 만약 그렇지 않았다면, 우주의 물질은 지금도 완벽하게 균일하게 분포하여 별도 은하도 없을 테니까 말입니다.

별들과 은하들을 설명하기 위해 필요한 불규칙성이 그런 원시적인 소질량 블랙홀들이 꽤 많이 형성되는 결과를 초래했을지 여부는 초기 우주의 상세한 조건들에 달려 있습니다. 그러므로 만일 우리가 지금 얼마나 많은 원시적인 블랙홀들이 있는지 알아낼 수 있다면, 거꾸로 매우 이른 시기의 우주에 대하여 많은 것을 알아낼 수 있을 것입니다. 질량이 10억 톤<sup>큰 산의 질량</sup>보다 큰 원시 블랙홀들은 그 중력이 다른 가시적인 물질이나 우주의 팽창에 끼치는 영향을 통해서만 탐지할 수 있습니다. 그러나 다음 강의에서 설명하겠지만, 사실 블랙홀은 완전히 검지는 않습니다. 블랙홀은 뜨거운 물체처럼 빛을 내며, 작을수록 더 많은 빛을 냅니다. 따라서 역설적이게도 작은 블랙홀들이 큰 블랙홀들보다 더 쉽게 발견될 가능성이 있습니다.

# 블랙홀은
# 완전히 검지는 않다

블랙홀은 고립된 공간 속에서 무질서가 증가한다는,

열역학 제2법칙의 예외로 두어야 할까요?

엔트로피가 많은 물질을 블랙홀 속으로

던져버린다면 아무것도 나오지 않을 테니 말이지요.

그런데 어떤 물질이 블랙홀에 흡수될 때마다

블랙홀 주변 '사건의 지평선' 면적이 넓어진다고 합니다.

블랙홀 역시 무언가를 방출하고 있는 걸까요?

1970년 이전에 일반상대성이론에 대한 저의 연구는 주로 빅뱅 특이점이 있었는가 하는 질문에 집중되었습니다. 그러나 딸 루시가 태어난 직후인 그해 11월의 어느 저녁, 저는 잠자리에 들면서 블랙홀에 대하여 생각하기 시작했습니다. 몸이 좋지 않아 좀 어려운 점은 있었지만, 생각할 시간은 충분했지요. 당시에는 시공의 어떤 점들이 블랙홀 내부에 있고 어떤 점들이 외부에 있는지에 대한 정확한 정의조차 없었습니다.

저는 이미 로저 펜로즈와 블랙홀의 정의에 대하여 토론한 바 있었습니다. 블랙홀을 사건들의 집합으로 정의하되, 그 집합으로부터 멀리 벗어나는 것이 불가능한 그런 집합으로 정의한다는 생각을 가지고서 말입니다. 이 생각의 의미는, 블랙홀의 경계인 사건의 지평선이 블랙홀을 빠져

나가는 데 아슬아슬하게 실패하는 광선들에 의해 형성된다는 것입니다. 그 광선들은 영원히 블랙홀의 끄트머리를 떠돕니다. 이는 경찰을 피해 달아나지만 한 걸음만 앞설 수 있을 뿐 확실히 멀어지지 못하는 상황과 유사하죠.

불현듯 저는 그 광선들의 경로가 서로 접근할 수 없다는 것을 깨달았습니다. 왜냐하면 서로 접근한다면 그 경로들은 결국 서로 교차해야 하기 때문입니다. 이는 누군가 또 다른 사람이 경찰을 피해 반대 방향으로 달아나는 것과 같습니다. 이럴 경우 달아나는 두 사람 다 잡힐 것입니다. 다시 말해 두 광선 모두 블랙홀 속으로 떨어질 것입니다. 그런데 만일 그 광선들이 블랙홀에 의해 삼켜진다면, 그 광선들은 블랙홀의 경계에 있던 광선일 수 없습니다. 따라서 사건의 지평선에 있는 광선들은 서로 평행하게 움직이거나 서로에게서 멀어져야 합니다. 달리 표현하자면, 블랙홀의 경계인 사건의 지평선이 그림자의 경계와 유사하다고 설명할 수도 있습니다. 그림자의 경계는 멀리 탈출하는 빛의 테두리인 동시에 임박한 파멸의 그림자의 테두리입니다. 또한 태양처럼 아주 먼 광원이 드리운 그림자를 보면, 그 테두리의 광선들이 서로 접근하지 않는 것을 볼 수 있습니다. 만일 블랙홀의 경계인 사건의 지평선을 형성한 광선들이 결코 서로 접근할 수 없다면, 사건의 지평선 면적은 시간이 흐름에 따라 증가하거나 동일하게 유지될 수만 있습니다. 그 면적은 절대로 감소할 수 없지요. 왜냐하면 그러려면 적어도 블랙홀의 경계에 있는 일부 광선들이 서로 접근해야 하기 때문입니다. 실제로 사건의 지평선 면적은 물질이나 복사가 블랙홀 속으로 떨어질 때마다 증가합니다.

한편, 두 개의 블랙홀이 충돌하고 융합하여 하나의 블랙홀을 형성한다고 해봅시다. 그러면 마지막 블랙홀의 사건의 지평선 면적은 원래 있던 두 블랙홀의 사건의 지평선 면적의 합보다 클 것입니다. 이와 같은 사건의 지평선 면적의 비감소성은 블랙홀의 행동에 중요한 제한을 가합니다. 저는 이 발견에 매우 흥분하여 그날 밤 제대로 잠을 자지 못했습니다.

이튿날 로저 펜로즈에게 달려갔지요. 그는 제 생각에 동의했습니다. 사실 저는 그가 사건의 지평선 면적의 비감소성을 이미 알고 있었다고 생각합니다. 그러나 그는 약간 다른 블랙홀 정의를 사용하고 있었지요. 블랙홀이 정상 상태에 정착한 다음에는, 저의 정의에 따른 블랙홀 경계와 그의 정의에 따른 블랙홀 경계가 같아진다는 것을 그는 몰랐습니다.

## 열 역 학 제 2 법 칙

블랙홀 면적이 결코 줄지 않는다는 것은 엔트로피라는 물리량의 움직임을 떠올리게 했습니다. 엔트로피는 계가 얼마나 무질서한가를 나타내는 양입니다. 사물들을 방치해두면 무질서가 증가하는 경향이 있다는 것은 상식입니다. 집을 손보지 않고 방치해보면 그 사실을 쉽게 알 수 있습니다. 반대로 무질서에서 질서를 창조할 수도 있지요. 예를 들어 우리는 집에 페인트를 칠할 수 있습니다. 그러나 그러려면 에너지를 소모해야 하고, 따라서 쓸 수 있는 질서 있는 에너지의 양을 감소시켜야 합니다.

이 상황을 정확히 표현한 문장을 열역학 제2법칙이라고 합니다. 그 법칙에 따르면, 고립된 계의 엔트로피, 즉 무질서는 시간이 흐름에 따라 결코 감소하지 않습니다. 더 나아가 두 개의 계를 연결하면, 연결된 계의 엔트로피는 개별 계들의 엔트로피의 합보다 더 큽니다. 한 예로 상자 속에 있는 기체 분자들을 생각해봅시다. 기체 분자들은 끊임없이 서로 충돌하고 상자의 벽에 부딪혀 튀는 당구공들이라고 여길 수 있습니다. 상자가 칸막이로 양분되어 있고, 처음에는 모든 분자들이 칸막이의 왼편에 있다고 가정합시다. 만일 칸막이를 제거하면, 분자들은 분산되어 상자 전체로 퍼지는 경향을 보일 것입니다. 물론 나중의 어느 한 시점에 우연히 모든 분자들이 상자의 오른쪽에 있거나 왼쪽에 있을 수도 있습니다. 그러나 상자의 양쪽 절반에 거의 동일한 개수의 분자들이 나뉘어 있을 가능성이 압도적으로 크지요. 분자들이 그렇게 거의 균일하게 흩어져 있는 상태는 모든 분자들이 한쪽에 있었던 원래 상태보다 정돈이 덜 된 상태, 혹은 더 무질서한 상태입니다. 그러므로 칸막이를 제거하니 기체의 엔트로피는 증가했다고 말할 수 있습니다.

이와 비슷하게 처음에 두 개의 상자가 있다고 해봅시다. 한 상자에는 산소분자들이 들어 있고, 다른 상자에는 질소분자들이 들어 있습니다. 만일 두 상자를 연결하고 사이에 있는 벽을 제거하면, 산소분자들과 질소분자들은 섞이기 시작할 것입니다. 시간이 지난 후에 가장 개연성이 높은 상태는 산소분자들과 질소분자들이 완전히 균일하게 섞여 두 상자 전체에 퍼진 상태일 것입니다. 이 상태는 두 상자가 분리되어 있었던 처음보다 정돈이 덜 된 상태, 즉 엔트로피가 큰 상태입니다.

열역학 제2법칙은 다른 과학법칙들과 매우 다른 지위를 가지고 있습니다. 예컨대 뉴턴의 중력법칙과 같은 다른 법칙들은 절대적인 법칙입니다. 다시 말해 그 법칙들은 언제나 타당합니다. 반면에 열역학 제2법칙은 통계적인 법칙입니다. 쉽게 말해서 열역학 제2법칙은 언제나 타당한 것이 아니라 대다수의 경우에 타당할 뿐입니다. 우리가 예로 든 상자 속의 모든 기체 분자들이 나중에 상자의 한쪽 절반에 있을 확률은 거의 0에 가깝지만, 그런 일이 일어날 수도 있습니다.

그런데 어떤 물질이 블랙홀 주위에 있으면, 열역학 제2법칙이 쉽게 깨질 것 같다는 생각이 듭니다. 한 상자의 기체처럼 엔트로피가 많은 물질을 블랙홀 속으로 던져 넣기만 하면 열역학 제2법칙을 깨뜨릴 수 있을 것 같습니다. 그렇게 하면 블랙홀 외부에 있는 물질의 총 엔트로피는 감소할 것입니다. 물론 블랙홀 내부의 엔트로피까지 합산한 총 엔트로피는 줄어들지 않았다고 말할 수 있겠지요. 그러나 블랙홀 내부를 들여다볼 길은 없으므로, 블랙홀 내부의 물질이 얼마나 많은 엔트로피를 지녔는지 알아낼 길은 없습니다. 그러므로 블랙홀 외부의 관측자가 블랙홀의 어떤 특징을 보고 블랙홀의 엔트로피가 얼마인지 알아 낼 수 있다면 좋을 것입니다. 그 특징은 엔트로피를 지닌 물질이 블랙홀로 떨어질 때마다 증가해야 합니다.

물질이 블랙홀로 떨어질 때마다 사건의 지평선 면적이 증가한다는 것을 제가 발견한 후에 프린스턴 대학의 연구생 야코프 베켄슈타인은 사건의 지평선 면적이 블랙홀의 엔트로피가 얼마인지를 알려준다고 주장했습니다. 엔트로피를 지닌 물질이 블랙홀로 떨어지면 사건의 지평선 면적은 증가하며, 블랙홀 외부 물질의 엔트로피와 사건의 지평선 면적의 합은 결코 감소하지 않는다는 주장이었습니다.

이 주장은 대부분의 상황에서 열역학 제2법칙이 깨지는 것을 막아주는 것처럼 보였습니다. 그러나 한 가지 치명적인 결함이 있었지요. 만일 블랙홀에 엔트로피가 있다면, 온도도 있어야 합니다. 그런데 온도가 0이 아닌 물체는 일정량의 복사를 방출해야 합니다. 부지깽이를 불 속에 넣고 달구면 빨갛게 빛나면서 복사를 방출하지요. 그렇게 뜨거운 물체뿐만 아니라 온도가 낮은 물체도 복사를 방출합니다. 다만 그 복사의 양이 매우 적기 때문에 사람들이 일반적으로 알아채지 못할 뿐이지요. 이 복사는 열역학 제2법칙이 깨지는 것을 막기 위해 필요합니다. 따라서 블랙홀 역시 복사를 방출해야 하는데요. 그러나 블랙홀은 어떤 것도 방출하지 않는 대

▶

**천문학자들은** 백조자리 XR-1이라는 무겁고 조밀한 천체의 '사건의 지평선' 너머로 떨어지는 물질이 시야에서 사라지는 것을 관측했다. 이것은 블랙홀의 존재를 입증하는 증거일지도 모른다. 물질이 블랙홀로 떨어지면, 사건의 지평선 면적은 증가한다.

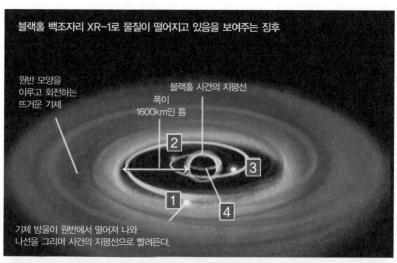

**블랙홀 백조자리 XR-1로 물질이 떨어지고 있음을 보여주는 징후**

원반 모양을
이루고 회전하는
뜨거운 기체

폭이
1600km인 틈

블랙홀 사건의 지평선

2

3

1

4

기체 방울이 원반에서 떨어져 나와
나선을 그리며 사건의 지평선으로 빨려든다.

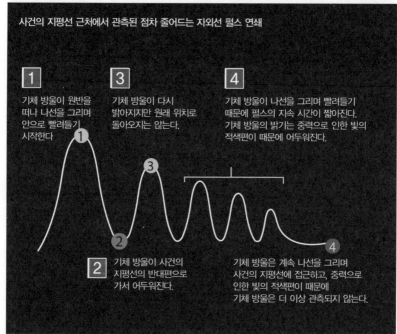

**사건의 지평선 근처에서 관측된 점차 줄어드는 자외선 펄스 연쇄**

1
기체 방울이 원반을
떠나 나선을 그리며
안으로 빨려들기
시작한다

3
기체 방울이 다시
밝아지지만 원래 위치로
돌아오지는 않는다.

4
기체 방울이 나선을 그리며 빨려들기
때문에 펄스의 지속 시간이 짧아진다.
기체 방울의 밝기는 중력으로 인한 빛의
적색편이 때문에 어두워진다.

밝기

2
기체 방울이 사건의
지평선의 반대편으로
가서 어두워진다.

기체 방울은 계속 나선을 그리며
사건의 지평선에 접근하고, 중력으로
인한 빛의 적색편이 때문에
기체 방울은 더 이상 관측되지 않는다.

시간

상으로 정의되어 있습니다. 그러므로 블랙홀의 사건의 지평선 면적은 블랙홀의 엔트로피로 간주될 수 없는 듯했습니다.

실제로 저는 1972년에 브랜던 카터, 미국인 동료 짐 바딘과 함께 이 주제에 대한 논문을 썼습니다. 우리는 사건의 지평선 면적과 엔트로피 사이에 유사성이 많은 것은 사실이지만 방금 언급한 치명적인 문제점이 있다고 지적했지요. 솔직히 고백하건대 그 논문을 쓴 것은 베켄슈타인이 좀 괘씸해서이기도 했습니다. 그가 제가 발견한 사건의 지평선 면적의 증가를 오용했다고 느꼈지요. 그러나 결국 그가 기본적으로 옳았다는 것이 밝혀졌습니다. 물론 그가 기대하지 못했을 것이 분명한 방식으로 옳았지만 말입니다.

## 블랙홀 복사

1973년에 저는 모스크바를 방문하여 소련 최고의 두 전문가인 야코프 첼도비치와 알렉산드르 스타로빈스키를 만나 블랙홀에 관한 토론을 했습니다. 그들은 양자역학의 불확정성 원리에 따르면, 회전하는 블랙홀은 입자들을 창출하고 방출해야 한다는 확신을 제게 심어주었습니다. 저는 물리학적인 이유에서 그들의 논증을 믿었지만, 그들이 그 물질 방출을 계산하는 수학적 방식은 마음에 들지 않았지요. 그리하여 저는 더 나은 수학적 기법을 고안하기 시작했고, 1973년 11월 말에 옥스퍼드에서 있었던 비공식 세미나에서 그 기법을 설명했습니다. 당시에 저는 실제로 얼마나 많은 입자들이 방출될지 알아내기 위한 계산을 완수하지 않은 상태였습니다. 제 의도는 첼도비치와 스타로빈스키가 회전하는 블랙홀에서 방출된다고 예측한 복사를 발견하는 것뿐이었습니다. 그러나 계산을 완수했을 때 저는 회전하지 않는 블랙홀도 일정한 비율로 입자들을 창출하고 방출해야 한다는 것을 발견했습니다. 저는 놀랐고 또 곤혹스러웠습니다.

처음에는 제가 사용한 근사 방법들에 무언가 문제가 있어서 그런 결과가 나왔다고 생각했습니다. 만일 베켄슈타인이 이 결과를 알면 블랙홀의 엔트로피에 관한 자신의 생각을 뒷받침하는 또 하나의 논증으로 이용할 것이라는 걱정까지 들었지요. 저는 여전히 그의 생각이 맘에 들지 않았습니다. 그러나 생각하면 할수록 제가 쓴 근사 방법들은 타당한 것 같았습니다. 하지만 그 방출이 정말 존재한다는 것을 제가 최종적으로 확신하게 된 것은, 방출된 입자들의 스펙트럼이 뜨거운 물체에서 방출되는 스펙트럼과 정확히 같다는 점 때문이었습니다. 블랙홀은 정확히 열역학 제2법칙이 깨지는 것을 막을 만큼 입자들을 방출하고 있었습니다.

그때 이후 여러 사람들이 다양한 방식으로 제 계산들을 다시 해보았지요. 그들은 모두 블랙홀이 마치 블랙홀의 질량에 따라서만 결정되는 온도를 지닌 뜨거운 물체인 것처럼 입자들과 복사를 방출해야 한다는 것을 입증했습니다. 블랙홀의 질량이 무거울수록, 그 온도는 낮습니다. 우리는 이 방출을 다음과 같이 이해할 수 있습니다. 우리가 생각하는 빈 공간은 완전히 비어 있을 수 없습니다. 왜냐하면 완전히 비어 있다는 것은 중력장과 전자기장을 비롯한 모든 장들이 정확히 0이라는 뜻일 텐데, 장의 값과 시간적 변화율은 입자의 위치와 속도처럼 불확정성 원리에 따라야 하기 때문입니다. 불확정성 원리에 따르면, 장의 값과 시간적 변화율 가운데 하나를 더 정확히 알수록 다른 하나는 더 부정확하게 알게 됩니다.

따라서 빈 공간에서 장은 정확히 0으로 고정될 수 없습니다. 만일 그렇게 고정된다면, 장의 값과 시간적 변화율이 모두 정확히 0이 될 테니까 말입니다. 오히려 장의 값에 특정한 최소량의 불확정성, 즉 양자요동이 있어야 합니다. 그 요동을 빛이나 중력의 입자 쌍으로 생각할 수 있는데요. 그 입자 쌍은 특정 시점에 함께 출현하여 서로 멀어졌다가 다시 모여 상쇄됩니다. 그런 입자들을 가상입자라고 하지요. 실제 입자와 달리 가상입자는 입자 탐지 장치로 직접 관측할 수 없습니다. 그러나 전자궤도와 원자의 에너지에서 일어나는 작은 변화를 비롯해 가상입자가 발휘하는 간접적인 효과들은 측정할 수 있습니다. 그 효과들은 이론적인 예측과 놀라울 정도로 정확하게 일치합니다.

에너지보존법칙에 따라 한 쌍의 가상입자 중 한 입자는 양의 에너지를 가지고 다른 입자는 음의 에너지를 가질 것입니다. 음의 에너지를 가진 입자는 단명하는 가상입자일 수밖에 없습니다. 왜냐하면 일반적으로 실제 입자들은 항상 양의 에너지를 가지기 때문입니다. 그러므로 음의 에너지를 가진 입자들은 짝을 만나서 함께 상쇄되어야 합니다. 그러나 블랙홀 내부의 중력장은 매우 강하기 때문에, 거기에서는 실제 입자조차도 음의 에너지를 가질 수 있습니다.

그러므로 만일 블랙홀이 있다면, 음의 에너지를 가진 가상입자가 블랙홀로 떨어져 실제 입자가 될 수 있습니다. 그렇게 된 가상입자는 더 이상 짝과 함께 상쇄될 필요가 없습니다. 홀로 남은 그 짝 역시 블랙홀로 떨어질 수도 있지요. 그러나 그 짝은 양의 에너지를 가지기 때문에 실제 입자로서 멀리 달아날 수도 있습니다. 멀리 있는 관측자에게는 그 입자가 블랙홀에서 방출되는 것처럼 보일 것입니다. 블랙홀이 작을수록, 음의 에너지를 지닌 입자가 더 짧은 거리를 이동하여 실제 입자가 될 것입니다. 따라서 작은 블랙홀일수록 입자를 더 많이 방출하고 겉보기 온도가 더 높습니다.

블랙홀 바깥으로 나가는 복사가 지닌 양의 에너지는 블랙홀로 빨려드는 입자들이 지닌 음의 에너지와 균형을 이룰 것입니다. 아인슈타인의 유명한 방정식 $E=mc^2$에 따라서 에너지는 질량과 동등합니다. 그러므로 음의 에너지가 블랙홀로 유입되면 블랙홀의 질량은 줄어듭니다. 블랙홀의 질량이 감소하면 사건의 지평선의 면적도 감소하지만, 이때 일어나는 블랙홀 엔트로피의 감소는 방출된 복사에너지에 의해 보충되고도 남습니다. 따라서 열역학 제2법칙은 결코 깨지지 않습니다.

## 블 랙 홀 폭 발

블랙홀은 질량이 작을수록 온도가 더 높습니다. 따라서 블랙홀이 질량을 잃으면 온도와 복사 방출률은 증가합니다. 그리하여 블랙홀의 질량은 더 빠르게 감소합니다. 블랙홀의 질량이 극도로 작아지면 무슨 일이 일어나는지는 확실히 알려져 있지 않지요. 가장 합리적인 추측은 마지막으로 폭발적인 복사 방출이 일어난다는 것인데요. 그 최종적인 폭발은 수소폭탄 수백만 개가 폭발하는 것에 맞먹습니다.

지구보다 질량이 몇 배 큰 블랙홀은 온도가 절대온도로 수천만분의 1도에 불과합니다. 우주에 가득 찬 마이크로파 복사의 온도인 2.7도보다 훨씬 낮지요. 따라서 그런 블랙홀들은 흡수하는 양보다 적게 방출할 것입니다. 물론 흡수하는 양도 매우 적지만 말입니다. 만일 우주가 영원히 팽창할 운명이라면, 마이크로파 복사의 온도는 결국 블랙홀의 온도보다 낮아질 텐데요. 그렇게 되면 블랙홀은 방출하는 양보다 적게 흡수할 것이며 질량이 줄어들기 시작할 것입니다. 그러나 그렇게 되더라도 블랙홀은 온도가 너무 낮기 때문에 블랙홀이 완전히 증발하려면 약 $10^{66}$년이 걸릴 것입니다. 이 세월은 우주의 나이인 $10^{10^{100억}}$년보다 훨씬 더 길지요.

한편 앞선 강의에서 언급했듯이 매우 이른 시기의 우주에서 불규칙성의 붕괴에 의해 만들어진, 질량이 훨씬 더 작은 원시 블랙홀들이 있을지도 모릅니다. 그런 블랙홀들은 온도가 훨씬 더 높고 훨씬 더 많은 복사를 방출할 것입니다. 최초 질량이 10억 톤인 원시 블랙홀은 수명이 대략 우주의 나이와 같습니다. 이보다 초기 질량이 작은 원시 블랙홀들은 이미 완전히 증발했을 것입니다. 그러나 이보다 질량이 약간 더 컸던 원시 블랙홀들은 지금도 X선과 감마선의 형태로 복사를 방출하고 있을 것입니다. X선과 감마선은 빛 파동과 유사하지만 파장이 훨씬 더 짧지요. 그런 블랙홀들에 '블랙'이라는 이름을 붙이는 것은 적절하지 않다고 할 수 있습니다. 실제로 그것들은 하얗게 빛나며 약1만 메가와트의 에너지를 방출합니다.

그런 블랙홀 하나면 대규모 발전소 10곳을 대체할 수 있습니다. 만일 우리가 그런 블랙홀이 방출하는 에너지를 이용할 수만 있다면 말이지요. 그러나 그것은 매우 어려운 일일 것입니다. 그런 블랙홀은 질량은 산만한데 크기는 원자핵만 할 것입니다. 만일 그런 블랙홀이 지구의 표면에 있다면, 그 블랙홀이 지구를 뚫고 들어가 지구의 중심으로 떨어지는 것을 막을 길이 없을 것입니다. 그 블랙홀은 지구를 관통하며 진동하다가 결국 중심에 정착할 것입니다. 그러므로 원시 블랙홀이 방출하는 에너지를 이용하려면, 원시 블랙홀을 지구 주위의 궤도에 두어야만 합니다. 또 원시 블랙홀이 지구 주위를 돌게 할 수 있는 유일한 길은 그 블랙홀 앞에 질량이 큰 물질을 놓아 지구 주위의 궤도로 견인하는 것입니다. 마치 나귀 앞에 당근을 놓아 나귀를 이끌듯이 말입니다. 그러나 이 구상은 썩 현실적인 제안 같지는 않지요. 적어도 가까운 미래에는 실현되지 않을 것입니다.

## 원 시 블 랙 홀 을 찾 아 서

원시 블랙홀의 에너지를 이용하는 것은 불가능하다고 치더라도, 원시

▲

회전하는 대형 블랙홀이 연출하는 우주 불꽃놀이를 표현한 작품이다. 블랙홀은 끊임없이 빨려드는 근처의 기체와 별들에서 연료를 얻는다. 강착accretion 과정은 질량을 에너지로 변환하는 데 개별 별들에서 일어나는 열핵 융합 과정보다 훨씬 더 효율적이다. 블랙홀 근처는 압력과 온도가 극도로 높아 빨려드는 기체의 일부가 블랙홀의 회전축 방향으로 뿜어져 은하 제트를 형성할 것이다.

블랙홀을 관측할 가능성은 어떠할까요? 우리는 원시 블랙홀들이 일생의 대부분 동안 방출하는 감마선을 탐색할 수 있을 것입니다. 물론 대부분의 원시 블랙홀들은 매우 멀리 있어서 거기에서 나오는 복사는 매우 약하겠지요. 그러나 모든 원시 블랙홀들이 방출하는 감마선의 총합은 탐지할 수 있을지도 모릅니다. 실제로 우리는 그런 배경 감마선을 관측할 수 있습니다. 그러나 그 배경 감마선은 아마도 원시 블랙홀들이 아닌 다른 과정에 의해 산출되는 것 같습니다. 배경 감마선이 관측된다는 것이 원시 블랙홀에 대한 적극적 증거는 아니라고 할 수 있지요. 그러나 그 관측들을 통해 우리는 우주 속의 1세제곱광년 크기의 공간마다 원시 블랙홀들이 평균적으로 300개 넘게 존재할 수는 없다는 것을 알 수 있습니다. 이 개수 제한은 원시 블랙홀들이 우주 평균 질량밀도의 최대 100만분의 1을 차지할 수 있다는 것을 의미합니다.

원시 블랙홀은 그토록 드물기 때문에 우리가 관측할 수 있을 정도로 가까이에 있을 가능성은 희박할 수도 있습니다. 그러나 중력으로 인해 원시 블랙홀들은 물질 쪽으로 다가가므로, 원시 블랙홀들은 은하의 내부에 훨씬 더 흔하게 존재해야 합니다. 만일 원시 블랙홀들이 은하 내부에 이를테면 100만 배 더 흔하다면, 우리에게 가장 가까운 원시 블랙홀은 아마도 약 10억 킬로미터 거리에, 즉 알려진 행성 중 가장 멀리 있는 명왕성2006년부턴 왜소행성으로 분류합니다만큼 떨어져 있을 것입니다. 그만큼 떨어진 블랙홀이 내는 일정한 복사 방출을 탐지하는 것조차도 매우 어려운 일이지요. 설령 블랙홀의 출력이 1만 메가와트에 달한다고 해도 말입니다.

원시 블랙홀을 관측하려면 이를테면 1주일 정도의 적절한 시간 동안 동일한 방향에서 오는 여러 감마선 광자들을 탐지해야 할 것입니다. 그렇지 않은 감마선 광자들은 단지 배경의 일부일 수도 있습니다. 그러나 플랑크의 양자 원리에 따라 각각의 감마선 광자는 매우 높은 에너지를 가집니다. 감마선의 진동수가 매우 높기 때문이지요. 따라서 1만 메가와트를 뿜어낸다 하더라도, 방출되는 광자는 그리 많지 않을 것입니다. 그리고 명왕성 거리에서 오는 그 소수의 광자들을 관측하려면 현재까지 제작된 것보다 더 큰 감마선 탐지 장치가 필요할 것입니다. 게다가 그 탐지 장치는 우주 공간에 있어야 합니다. 감마선이 대기를 관통하지 못하니 말입니다.

물론 명왕성 거리에 있는 원시 블랙홀이 생애의 종말에 도달하여 폭발한다면, 그 최후의 폭발적인 방출을 탐지하기는 쉬울 것입니다. 그러나 그 블랙홀이 지난 100억 년 혹은 200억 년 동안 복사를 방출해왔다면, 앞으로 몇 년 안에 종말에 이를 가능성은 극히 희박하지요. 그런 블랙홀은 과거 수백만 년에서 미래 수백만 년까지 어느 시점에나 동등한 확률로 종말을 맞을 수 있습니다. 따라서 연구비가 바닥나기 전에 블랙홀 폭발을 관측할 가능성을 합당한 수준으로 확보하려면, 약 1광년 거리 안에서 일어나는 임의의 폭발을 탐지할 방법을 발견해야 할 것입니다. 폭발하는 블랙홀에서 온 감마선 광자들을 탐지할 대형 감마선 탐지 장치를 확보하는 것은 여전히 문제일 것입니다. 그러나 이번에는 모든 광자들이 동일한 방향에서 오는지 확인할 필요는 없을 것입니다. 모든 광자들이 매우 짧은 시간 동안 도착하여, 동일한 폭발에서 나왔다는 것을 합리적으로 확신할 수 있다면 충분할 테니까 말입니다.

원시 블랙홀을 찾아낼 가능성이 있는 감마선 탐지 장치 가운데 하나는 지구의 대기권 전체입니다 어쨌든 지구 대기권보다 더 큰 탐지 장치를 제작할 수 있을 가능성은 희박하니까요. 고에너지 감마선 광자가 우리 대기권의 원자들을 때리면, 전자와 양전자 양전기를 지니는 전자로 이루어진 입자 쌍들이 생겨납니다. 이 입자 쌍들이 다른 원자들을 때리면, 그 원자들 역시 더 많은 전자와 양전자의 쌍들을 만들어냅니다. 따라서 이른바 전자 소나기가 발생합니다. 그 결과는 체렌코프 복사라는 일종의 빛입니다. 그러므로 밤하늘의 섬광들을 탐색함으로써 폭발적인 감마선 방출을 탐지할 수 있습니다.

물론 밤하늘에 섬광을 일으키는 다른 현상들도 허다합니다. 예컨대 번개가 있지요. 그러나 서로 아주 멀리 떨어진 두 곳 이상에서 동시에 섬광들을 관측함으로써 그런 현상들과 폭발적 감마선 방출을 구별할 수 있습니다. 더블린 출신의 과학자 닐 포터와 트레버 위크스는 애리조나 주에 있는 망원경을 이용하여 그런 식의 연구를 수행했습니다. 그들은 여러 섬광들을 발견했지만, 원시 블랙홀에서 폭발적으로 분출된 감마선의 효과로 단정할 수 있는 섬광은 하나도 발견하지 못했습니다.

현재로서는 원시 블랙홀을 찾는 노력이 헛수고로 돌아갈 가능성이 커

보입니다. 그러나 설령 그렇다 하더라도, 그 노력은 여전히 초기 우주에 관한 중요한 정보를 제공하지요. 만일 초기 우주가 카오스적이거나 불규칙적이었다면, 혹은 물질의 압력이 낮았다면, 초기 우주는 우리의 감마선 배경 관측을 통해 추측하는 것보다 훨씬 더 많은 원시 블랙홀들을 산출했을 것입니다. 오로지 초기 우주가 매우 매끄럽고 균일했으며 압력이 높았을 경우에만, 관측 가능한 원시 블랙홀들이 없다는 점을 설명할 수 있습니다.

## 일 반 **상 대 성** 이 론 과 **양 자** 역 학

블랙홀 복사는 20세기의 위대한 두 이론인 일반상대성이론과 양자역학 모두에 의존한 예측의 첫 사례였습니다. 그 예측은 처음에 많은 반발을 불러일으켰지요. 왜냐하면 기존의 통념을 뒤엎었기 때문입니다. "어떻게 블랙홀이 무언가를 방출할 수 있단 말인가?"제가 옥스퍼드 근처 러더퍼드 연구소에서 열린 학회에서 제 계산 결과를 처음으로 발표했을 때, 모두들 믿을 수 없다는 반응을 보였습니다. 제 발표가 끝나자 사회를 맡은 런던 킹스 칼리지의 존 테일러는 전부 다 엉터리라고 소리쳤지요. 심지어 그는 그런 취지의 논문까지 썼습니다.

그러나 결국 존 테일러를 비롯한 대부분의 사람들은 만일 일반상대성

이론과 양자역학에 대한 우리의 다른 생각들이 옳다면 블랙홀은 뜨거운 물체처럼 복사를 방출해야 한다는 결론에 이르렀습니다. 그리하여 비록 우리는 아직 원시 블랙홀을 발견하는 데 성공하지 못했지만, 원시 블랙홀이 다량의 감마선과 X선을 방출하고 있어야 한다는 것은 상당히 일반적인 정설이 되었습니다. 만일 우리가 원시 블랙홀을 발견한다면, 저는 노벨상을 받게 될 테지요.

블랙홀 복사의 존재는 중력붕괴가 과거에 우리가 생각했던 것처럼 최종적이며 되돌릴 수 없는 과정이 아니라는 것을 뜻하는 듯합니다. 만일 우주인 한 명이 블랙홀로 떨어지면, 블랙홀의 질량은 증가할 것입니다. 하지만 결국 그 추가된 질량만큼의 에너지가 복사의 형태로 우주로 되돌아올 것입니다. 그러니까 어떤 의미에서 그 우주인은 재생되는 것입니다. 물론 이것은 불쌍한 불멸이지요. 그 우주인의 개인적인 시간 개념은 그가 블랙홀 내부에서 으깨질 때 거의 확실하게 끝날 테니까 말입니다. 심지어 나중에 블랙홀이 방출하는 입자들의 종류도 우주인을 구성했던 입자들의 종류와 일반적으로 다를 것입니다. 우주인의 특징 중 남아 있는 것은 그의 질량 혹은 에너지가 유일할 것입니다.

제가 블랙홀 복사를 도출하기 위해 사용한 근사법들은 블랙홀의 질량이 몇 분의 1그램보다 크면 잘 작동합니다. 그러나 그 근사법들은 블랙홀이 종말에 이르러 질량이 매우 작아질 때는 타당성을 잃습니다. 가장 그럴듯한 최종 결과는 블랙홀이 적어도 우리의 우주 구역에서 완전히 사라져버리는 것인 듯합니다. 블랙홀은 우주인과 블랙홀 내부에 있을 수도 있는 임의의 특이점과 함께 사라질 것입니다. 이 점은 양자역학이 고전적인 일반상대성이론에 의해 예측된 특이점들을 제거할 수 있을지도 모른다는 것을 최초로 시사했지요. 그러나 저를 비롯한 여러 사람들이 1974년에 중력의 양자 효과를 연구하기 위해 썼던 방법들은 양자중력에서 특이점이 발생하는지 여부를 비롯한 여러 질문에 대한 대답을 제공할 수 없었습니다.

그리하여 저는 1975년부터 파인먼이 제시한 아이디어인 역사들의 합을 기초로 삼아 양자중력 이론에 접근하는 더 강력한 방법을 개발하기 시작

했습니다. 이 접근법을 통해 얻은 우주의 기원과 운명에 대한 생각들은 다음의 두 강의에서 말씀드릴 것입니다. 우리는 양자역학이 우주가 특이점이 아닌 시초를 가지는 것을 허용한다는 점을 알게 될 것입니다. 이는 물리법칙들이 우주의 기원에서 효력을 상실하지 않아도 된다는 것을 의미합니다. 우주의 상태와 우주 안에 있는 우리를 비롯한 모든 내용물들은 불확정성 원리에 의해 설정된 한계 내에서 완전히 물리법칙들에 의해 결정됩니다. 자유의지는 그 한계만큼 존재합니다.

◀

만일 우주인 한 명이 블랙홀로 떨어지면, 블랙홀의 질량은 증가할 것이다. 하지만 결국 그 추가된 질량만큼의 에너지가 복사의 형태로 우주로 되돌아올 것이다.

다섯 번째 강의

# 우주의
# 기원과 운명

중세를 거치며 '우주는 완벽하게 고안된

신의 창조물' 이라는 종교적 믿음이 있었습니다.

우리가 빅뱅이라 부르는 우주의 탄생 시점을 둘러싸고도

많은 논쟁들이 있었지요. 우주의 복잡한 탄생과 구조를

우리는 어떻게 설명할 수 있을까요?

공간과 시간이 없는 무경계 조건의 우주라면

모든 의문들이 해결될까요?

1970년대 내내 저는 주로 블랙홀을 연구했습니다. 그러나 1981년에 바티칸에서 열린 우주과학 학회에 참석하면서 우주의 기원에 대한 질문들에 다시 관심을 갖게 되었지요. 가톨릭교회는 과학의 문제에 법의 잣대를 들이대어 태양이 지구를 돈다고 선언함으로써 갈릴레오를 불운하게 만든 실수를 저질렀습니다. 그로부터 몇 세기가 지난 후 가톨릭교회는 여러 전문가들을 초빙하여 우주과학에 관한 조언을 듣는 것이 더 낫다는 결정을 내렸습니다.

학회가 끝나고 참가자들은 교황과 자리를 함께할 수 있었는데요. 교황께선 우리에게 빅뱅 이후 우주의 진화를 연구하는 것은 괜찮지만 빅뱅 자체는 탐구하지 말아야 한다고 말씀하셨습니다. 왜냐하면 빅뱅은 창조의

순간이며, 따라서 신의 일이기 때문이라는 것이었습니다.

　당시에 저는 교황께서 방금 제가 학회에서 발표한 주제를 모르시는 것이 다행이라고 생각했습니다. 저는 갈릴레오와 같은 운명을 맞을 생각이 없었습니다. 저는 갈릴레오에게 많은 동질감을 느낍니다. 제가 그가 죽은 지 정확히 300년 후에 태어났기 때문이기도 하지요.


## 뜨거운 빅뱅 모형

　저의 논문 내용을 설명하려면 먼저 일반적으로 인정을 받는, 이른바 '뜨거운 빅뱅 모형'으로 알려진 모형에 따른 우주의 역사를 서술해야 합니다. **이 모형은 빅뱅부터 시작해 우주가 프리드만 모형에 의해 서술된다고 전제합니다.** 그 모형들에 따르면 우주가 팽창할 때 우주 속 물질과 복사의 온도는 낮아집니다. 그런데 온도는 다름 아니라 입자들의 평균에너지이므로, 우주의 냉각은 우주 속 물질에 중요한 영향을 끼칠 것입니다. 매우 높은 온도에서 입자들은 매우 빠르게 움직여 핵력이나 전자기력에서 비롯된, 입자들을 서로 끌어당기는 인력을 모두 벗어나겠지요. 그러나 온도가 낮아지면 서로 끌어당기는 입자들이 뭉치기 시작할 것입니다.

**빅뱅 당시 우주는 크기가 0이었고, 따라서 무한히 뜨거**

웠어야 합니다. 그러나 우주가 팽창함에 따라 복사의 온
도는 낮아졌을 것입니다. 빅뱅 1초 뒤에 우주의 온도는 약 100억
도로 떨어졌습니다. 이는 태양 중심 온도의 약 1000배에 해당하는데, 수
소폭탄이 폭발할 때 그 정도의 온도가 형성됩니다. 이 시기에 우주 속에
있던 것은 대부분 광자와 전자와 중성미자neutrino. 중성자가 양성자와 전자로 붕괴돌
때 생기는 소립자, 그리고 그것들의 반입자들, 그리고 약간의 양성자와 중성자
였을 것입니다.

우주가 계속 팽창하고 온도가 떨어짐에 따라, 충돌을 통해 전자와 전자
쌍이 생겨나는 비율은 그것들이 상쇄되는 비율보다 낮아졌을 것입니다.
따라서 대부분의 전자와 반전자는 서로 상쇄되어 더 많은 광자를 산출하
고, 소량의 전자들만 남게 되었을 것입니다.

빅뱅 후 약 100초에는 우주의 온도가 가장 뜨거운 별의 내부처럼 10억
도로 낮아졌을 것입니다. 이 온도에서 양성자와 중성자는 강한 핵력원자핵
을 이루는 양성자와 중성자를 결합시키는 힘을 벗어나기에는 더 이상 에너지가 충분하
지 않습니다. 그 입자들은 서로 결합하여 양성자 하나와 중성자 하나로
이루어진 중수소 원자핵을 형성하기 시작하겠지요. 이어서 중수소 원자
핵들은 더 많은 양성자 및 중성자와 결합하여 양성자 두 개와 중성자 두
개로 이루어진 헬륨 원자핵을 형성할 것입니다. 또한 더 무거운 원소들
인 리튬과 베릴륨도 소량 존재할 것이고요.

뜨거운 빅뱅 모형에 입각하여 계산해보면 알 수 있듯이, 모든 양성자와

중성자의 1/4이 헬륨 원자핵과 소량의 중수소 및 기타 원소들로 바뀌었을 것입니다. 나머지 중성자들은 양성자로 붕괴했을 것이며, 양성자는 다름 아니라 평범한 수소 원자핵입니다. 이 예측은 관측된 바와 매우 잘 일치합니다.

뜨거운 빅뱅 모형은 우리가 뜨거운 초기 우주에서 남은 복사를 관측할 수 있어야 한다는 것도 예측합니다. 그러나 그 복사의 온도는 우주의 팽창으로 인해 절대영도보다 몇 도 높은 정도로 낮아졌어야 합니다. 이것은 1965년에 펜지어스와 윌슨이 발견한 마이크로파 배경복사에 대한 설명입니다. 그러므로 우리는 뜨거운 빅뱅 모형이 적어도 빅뱅 이후 약 1초부터는 옳다는 점을 철저히 확신합니다. 헬륨과 기타 원소들의 생산은 빅뱅후 몇 시간 이내에 종결되었을 것입니다. 그 후 수백만 년이 흐르는 동안 우주는 별다른 사건 없이 그저 계속 팽창했을 것입니다. 그러다가 마침내 온도가 몇천 도로 떨어졌을 때, 원자핵들과 전자들은 더 이상 전자기적 인력을 극복할 에너지를 갖지 못하게 되었을 것입니다. 그리하여 원자핵들과 전자들이 결합하여 원자들이 형성되기 시작했을 것입니다.

우주 전체는 계속 팽창하고 냉각되었겠지만, 평균보다 약간 더 조밀한 구역들에서는 중력적 인력이 추가로 작용하여 팽창이 느려졌을 것입니다. 결국 몇몇 구역에서는 팽창이 멈추고 재붕괴가 시작되었겠지요. 그렇게 일부 구역들이 붕괴할 때, 그 구역들 외부의 물질이 발휘하는 중력으로 인해 그 구역들은 약하게 회전하기 시작할 수도 있습니다. 붕괴하는 구역이 작아지면 작아질수록, 회전은 더 빨라질 것입니다. 마치 빙판 위에서 회전하는 스케이트 선수가 두 팔을 가슴으로 모으면 더 빨리 회전하는 것처럼 말입니다. 결국 붕괴하는 구역이 충분히 작아지면, 회전이 충분히 빨라져서 중력적 인력과 균형을 이룰 것입니다. 원반처럼 회전하는 은하들은 그런 식으로 태어났습니다.

시간이 흐르면서 은하 속의 기체는 더 작은 구름들로 뭉치고, 그 구름들은 자체 중력으로 인해 붕괴할 것입니다. 구름들이 축소되면, 기체의

▲

1995년에 허블우주망원경으로 나선은하 NGC4414의 장엄한 모습을 촬영했다. 이 은하에 속한 변광성들의 광도를 세심하게 측정하고 다른 여러 발견을 기초로 삼아 천문학자들은 이 은하까지의 거리를 정확히 알아낼 수 있었다. NGC4414까지의 거리는 약 6천만 광년이다. 이 거리를 비롯해서 근처의 은하들까지의 유사한 거리들을 통해 천문학자들은 우주의 팽창에 대한 전반적인 지식을 얻게 되었다. 1999년에 허블 헤리티지 팀은 NGC4414를 다시 촬영하여 그 먼지 많은 나선은하 전체를 멋지게 보여주는 컬러 사진을 얻었다. 그 새로운 허블 사진은 대부분의 나선은하가 그렇듯이 이 은하의 중심 구역에 주로 나이가 많은 노란 별과 붉은 별이 있음을 보여주었다. 바깥쪽의 나선팔들은 계속해서 어리고 푸른 별들이 생성되고 있기 때문에 상대적으로 더 푸르다. 그 푸른 별 중에서 가장 밝은 것들은 허블 카메라의 고해상도 사진에서 개별적으로 볼 수 있다

온도는 핵반응이 일어날 수 있을 정도로 상승할 것입니다. 핵반응은 수소를 헬륨으로 변환하고, 이때 발생하는 열은 압력을 높여 구름이 더 이상 축소되는 것을 막을 것입니다. 이런 상태에서 구름은 우리의 태양과 유사한 별로서 수소를 태워 헬륨을 생산하고 빛과 열의 형태로 에너지를 복사하면서 오랫동안 유지될 것입니다.

더 무거운 별들은 더 강한 중력과 균형을 이루기 위하여 더 뜨거워야 할 것입니다. 따라서 핵융합 반응이 매우 빠르게 진행되어 수소가 고작 1억 년 만에 바닥날 것입니다. 그 후에 별들은 약간 축소되고 다시 뜨거워져서 헬륨을 더 무거운 탄소나 산소로 변환하는 과정을 시작합니다. 그러나 이 새 과정에서 아주 많은 에너지가 나오지는 않으므로 결국 제가 블랙홀에 관한 강의에서 묘사한 위기가 닥칠 것입니다.

그다음에 무슨 일이 일어나는지는 아주 확실하지는 않습니다. 그러나 별의 중심 구역이 중성자별이나 블랙홀처럼 매우 조밀한 상태로 붕괴할 가능성이 높아 보입니다. 별의 바깥쪽 구역들은 초신성이라는 엄청난 폭발을 통해 흩어질 것입니다. 초신성은 은하에 있는 모든 별들보다 더 밝게 빛날 것입니다. 별의 일생의 막바지에 생산된 무거운 원소들 일부는 은하에 있는 기체 속으로 다시 흩뿌려질 것입니다. 그것들은 다음 세대의 별들을 이룰 재료가 됩니다.

우리의 태양은 그 무거운 원소들을 약 2퍼센트 포함하고 있습니다. 왜냐하면 우리의 태양은 2세대 혹은 3세대의 별이기 때문입니다. 우리의 태양은 더 먼저 있었던 초신성의 잔해를 포함한 회전하는 기체 구름으로부터 약 50억 년 전에 형성되었습니다. 그 구름에 있던 기체의 대부분은 태양을 이루었거나 멀리 흩어졌습니다. 그러나 소량의 무거운 원소들은 모여서 오늘날 태양 주위를 도는 지구와 같은 행성들을 만들어냈습니다.

## 대 답 되 지 않 은 질 문 들

우주가 매우 뜨겁게 시작하여 팽창하면서 냉각되었다는 생각은 오늘날 우리가 가진 모든 관측 증거에 부합합니다. 그럼에도 몇 가지 중요한 질문들에는 대답하지 못했습니다. 첫째, 왜 초기 우주는 그토록 뜨거웠을까요? 둘째, 왜 우주는 큰 규모에서 이토록 균일할까요? 다시 말해서 왜 우주는 모든 지점에서 모든 방향으로 똑같게 보일까요?

셋째, 왜 우주는 재붕괴를 간신히 피할 수 있는 임계팽창률과 거의 같은 비율로 팽창하기 시작했을까요? 만약 빅뱅 1초 후의 팽창률이 실제보다 10만조분의 1만큼이라도 작았다면, 우주는 현재의 크기에 도달하기 전에 재붕괴했을 것입니다. 반대로 빅뱅 후 1초의 팽창률이 실제보다 그만큼 컸다면, 우주는 현재 사실상 텅 비어 있을 정도로 심하게 팽창했을 것입니다.

넷째, 우주는 큰 규모에서 그토록 균일하고 균질함에도 불구하고 별과 은하와 같은 국지적인 덩어리들을 포함하고 있지요. 그런 덩어리들은 초기 우주의 구역들 사이에 있던 작은 밀도 차이에서 발전했다고 생각됩니다. 그런 밀도의 차이는 어떻게 생겼을까요?

일반상대성이론만으로는 이 질문들에 대답할 수 없습니다. 왜냐하면 그 이론은 우주가 빅뱅 특이점에서 무한한 밀도를 가지고 출발했다고 예측하기 때문입니다. 특이점에서는 일반상대성이론을 비롯한 모든 물리법칙들이 무너집니다. 특이점에서 무엇이 나올지는 아무도 예측할 수 없습니다. 앞에서 설명했듯이, 이는 일반상대성이론에서 빅뱅 이전의 사건은 아무렇게나 꾸며내도 좋다는 뜻입니다. 왜냐하면 그런 사건은 우리가 관측하는 바에 아무 영향을 끼칠 수 없기 때문입니다.

시공은 경계를 가질 것입니다. 즉, 빅뱅에서 시초를 가질 것입니다. 왜 우주는 빅뱅에서 정확히 우리가 오늘날 관측하는 상태가 귀결되도록 그렇게 시작되었을까요? 왜 우주는 이토록 균일하고, 정확히 재붕괴를 피할 수 있는 임계비율로 팽창하고 있는 것일까요? 만일 매우 다양한 초기 상태에서 우리가 보는 우주가 진화한다는 것을 증명할 수 있다면, 이런 질문들은 덜 부담스러울 것입니다.

만일 그렇다면, 일종의 무작위한 초기 조건에서 발전한 우주는 우리가 보는 것들과 유사한 여러 구역들을 포함해야 할 것입니다. 물론 우리가 보는 것과 매우 다른 구역들도 있을 수 있지요. 그러나 그런 구역들은 아마도 은하와 별의 형성에 적합하지 않을 것입니다. 적어도 우리가 아는 한, 은하와 별은 지적인 생명의 발생을 위한 필수조건입니다. 따라서 그런 구역들은, 그런 구역들이 다르다는 점을 관측할 존재들을 포함할 수 없을 것입니다.

우주론을 고찰할 때는 선택 원리를 감안해야 합니다. 선택 원리란 우리가 지적인 생명에게 적합한 우주 구역에 살고 있다는 것입니다. 매우 자명하고 기본적인 이 생각은 때로 인본 원리라고도 불립니다. 한편, 우리가 주변에서 보는 것과 유사한 것들이 산출되도록 우주의 초기 상태가 극도로 신중하게 선택되어야 한다고 생각해봅시다. 그렇다면 우주는 생명이 발생할 수 있는 구역을 포함할 가능성이 낮을 것입니다.

제가 앞에서 설명한 뜨거운 빅뱅 모형에서는 초기 우주에서 열이 한 구역에서 다른 구역으로 흐를 시간이 충분하지 않았습니다. 따라서 우주의 여러 구역들이 정확히 동일한 온도에서 출발했어야 합니다. 그래야만 우리가 보는 모든 방향에서 마이크로파 배경복사가 온도가 동일한 것을 설명할 수 있습니다. 또한 우주가 현재와 같은 상태에 이르기 전에 재붕괴하지 않도록 초기 팽창률이 매우 정확하게 선택되어야 합니다. 이는 만일 뜨거운 빅뱅 모형이 시간의 시작에 이르기까지 옳다면 우주의 초기 상태가 정말 매우 세심하게 선택되었어야 한다는 것을 의미하지요. 우리와 같은 존재들을 창조하기로 마음먹은 신의 활동을 배제한다면, 왜 우주가 정확히 그렇게 시작되었는지를 설명하기는 매우 어려울 것입니다.

# 인 플 레 이 션 모 형

빅뱅 모형에서 발생하는 초기 우주와 관련한 난점들을 피하기 위하여, 매사추세츠 공대의 앨런 구스는 새로운 모형을 제시했습니다. 그의 모형에서는 매우 다양한 초기 조건에서 현재와 유사한 우주가 진화할 수 있습니다. 그는 초기 우주가 매우 빠른 팽창, 혹은 지수함수적 팽창의 시기를 겪었을 것이라고 주장했는데요. 이 팽창을 인플레이션이라고 합니다. 이는 정도의 차이는 있겠지만 모든 나라에서 일어나는 물가의 인플레이션에 빗댄 표현이지요. 물가 인플레이션의 세계기록은 아마 1차 세계대전 후에 독일에서 일어난 인플레이션일 것입니다. 당시에 빵 한 덩이의 값은 몇 개월 만에 1마르크 미만에서 수백만 마르크로 폭등했습니다. 하지만 우주의 크기와 관련해서 일어났을 것이라고 생각되는 인플레이션은 그보다 훨씬 더 심했습니다. 우주의 크기는 1초보다 훨씬 짧은 시간에 백만 배의 백만 배의 백만 배의 백만 배의 백만 배로 폭증했습니다. 물론 이 인플레이션은 현 정부 이전에 일어났지요.

구스는 우주가 매우 뜨거운 빅뱅에서 출발했다고 주장했습니다. 그렇게 높은 온도에서는 약한 핵력<sup>핵이나 소립자들에서 일어나는 약한 상호작용력</sup>과 강한 핵력과 전자기력이 모두 통일되어 단일한 힘을 이루었을 것이라고 예상할 수 있습니다. 우주는 팽창하면서 식었고, 입자 에너지는 낮아졌을 것입니다. 결국 이른바 상전이<sup>相轉移</sup>가 일어나 힘들 사이의 대칭은 깨졌을 것입니다. 강한 핵력은 약한 핵력 및 전자기력과 달라졌을 것입니다. 흔히 볼 수 있는 상전이의 예는 물이 어는 것입니다. 액체 상태의 물은 대칭적이지요. 다시 말해 모든 지점에서 모든 방향으로 똑같습니다. 그러나 얼음 결정이 형성되면, 얼음 결정들은 정해진 위치를 차지하고 특정 방향으로 줄을 맞춥니다. 얼음이 형성됨으로써 물의 대칭성은 깨집니다.

물의 경우에 충분히 조심스럽게 다루면, 물을 '과냉각' 할 수 있습니다. 즉, 얼음이 형성되지 않으면서 물의 온도가 어는점인 섭씨 0도 아래로 내려가게 만들 수 있습니다. 구스는 우주도 이와 유사하게 행동할 수 있다고 주장했습니다. 우주의 온도는 힘들 사이의 대칭성이 깨지지 않은 상태에서 임계값 아래로 떨어졌을 것입니다. 그렇게 되면 우주는 대칭성이 깨졌을 때보다 더 많은 에너지를 가진 불안정한 상태가 됩니다. 이 특수한 여분의 에너지는 척력의 효과를 발휘할 수 있다는 것을 증명할 수 있습니다. 그 에너지는 우주상수와 똑같은 작용을 할 것입니다.

아인슈타인은 정적인 우주 모형을 구성하려 노력하면서 일반상대성이론에 우주상수를 도입했습니다. 하지만 구스는 우주가 이미 팽창하고 있다는 것을 전제합니다. 따라서 구스가 제안한 우주상수의 척력 효과는 우주가 점점 더 빠르게 팽창하게 만듭니다. 평균보다 많은 물질 입자들이 있던 구역들에서도 물질의 인력은 사실상의 우주상수가 발휘하는 척력에 압도될 것입니다. 따라서 그 구역들도 가속적으로 급팽창할 것입니다.

우주가 팽창하면 물질 입자들은 서로 더 멀어집니다. 결국에는 거의 입자를 포함하지 않은 채 팽창하는 우주만 남게 되겠지요. 그 우주는 힘들 사이의 대칭성이 아직 깨지지 않은 과냉각 상태일 것입니다. 우주에 있던 불규칙성들은 팽창에 의해 매끄러워졌을 것입니다. 마치 풍선이 부풀면서 주름들이 매끄럽게 펴지는 것처럼 말이죠. 따라서 현재의 매끄럽고 균일한 우주가 매우 다양한 비균일적인 초기 상태에서 진화할 수 있습니다. 팽창률 또한 정확히 재붕괴를 피하기 위해 필요한 임계비율에 다가갈 수 있을 것입니다.

게다가 인플레이션 모형에 따르면 왜 우주에 이토록 많은 물질이 있는지도 설명할 수 있었습니다. 우리가 관측할 수 있는 우주의 구역에는 대충 $10^{80}$개의 입자가 있습니다. 그 입자들은 다 어디에서 왔을까요? 대답은 이렇습니다. 양자이론에서 입자는 에너지에서 입자-반입자 쌍의 형태로 생겨날 수 있습니다. 하지만 다시 에너지는 어디에서 왔느냐는 질문이 제기되지요. 이에 대한 대답은 우주의 총 에너지는 정확히 0이라는 것입니다.

우주에 있는 물질은 양의 에너지로 이루어져 있습니다. 그러나 모든 물질은 중력으로 서로를 끌어당깁니다. 서로 가까이 있는 두 물질 조각은 멀리 있는 똑같은 물질 조각들보다 에너지가 낮습니다. 두 물질 조각을 떼어놓으려면 에너지가 필요하기 때문이지요. 이처럼 어떤 의미에서 중력장은 음의 에너지를 가집니다. 우주 전체를 고려하면 중력이

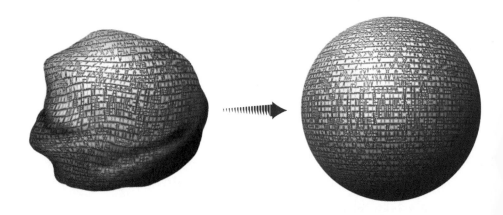

▲

매끄럽고 균일한 현재의 우주는 매우 울퉁불퉁한 초기 상태에서 진화했을 수 있다

지닌 이 음의 에너지가 물질이 지닌 양의 에너지를 정확히 상쇄한다는 것을 증명할 수 있습니다. 그러므로 우주의 총 에너지는 0입니다.

그런데 0의 두 배는 역시 0입니다. 그러므로 우주는 에너지 보존 법칙을 위반하지 않으면서 양의 물질 에너지와 음의 중력 에너지를 두 배로 늘릴 수 있습니다. 우주가 커질 때 물질 에너지 밀도가 감소하는 일반적인 팽창에서는 그런 일이 발생하지 않습니다. 그러나 인플레이션 팽창에서는 그런 일이 발생하지요. 왜냐하면 과냉각 상태의 에너지 밀도는 우주가 팽창하는 동안에 일정하게 유지되기 때문입니다. 우주의 크기가 두 배로 되면, 양의 물질 에너지와 음의 중력 에너지가 모두 두 배로 되므로, 총 에너지는 0으로 유지됩니다. 인플레이션 기간에 우주의 크기는 엄청나게 증가합니다. 따라서 입자를 만드는 데 쓸 수 있는 에너지의 총량 역시 엄청나게 커지지요. 구스는 이렇게 말했습니다. "공짜 점심 따위는 없다고들 한다. 하지만 우주는 진정한 공짜 점심이다"

## 인 플 레 이 션 의 끝

오늘날 우주는 인플레이션 팽창을 하고 있지 않습니다. 그러므로 매우 큰 효과를 발휘하는 우주상수를 제거하는 모종의 메커니즘이 존재했어야

김치볶음밥 ₩4,500

김밥 ₩2,000

햄버거세트 ₩3,000

하지만 우주는

₩0!
공짜!

만 합니다. 그 메커니즘이 가속하는 팽창률을 오늘날처럼 중력에 의해 감속하는 팽창률로 변화시켰을 것입니다. 우주가 팽창하고 식으면서 결국 힘들 사이의 대칭성이 깨졌을 것이라고 추측할 수 있습니다. 과냉각된 물도 언젠가는 얼지요. 그렇게 되면 대칭 상태가 지녔던 여분의 에너지가 방출되어 우주를 다시 가열할 것입니다. 그러면 우주는 빅뱅 모형에서와 똑같이 계속 팽창하고 식을 것입니다. 그러나 이제 우리는 빅뱅 모형에서와 달리 왜 우주가 정확히 임계비율로 팽창하며 왜 다양한 구역들이 동일한 온도를 가지는지 설명할 수 있습니다.

원래 구스는 대칭성 파괴가 마치 아주 찬 물에서 얼음 결정들이 생기는 것과 매우 유사하게 갑자기 일어났다고 주장했습니다. 끓는 물에 둘러싸여 수증기 거품들이 형성되듯이, 과거의 상(相) 안에서 대칭성이 파괴된 새로운 상의 '거품들'이 형성되었다는 것이 그의 생각이었지요. 그 거품들이 팽창하고 서로 만나 결국 우주 전체가 새로운 상을 가지게 된다고 여겼습니다. 그러나 나를 비롯한 여러 사람들이 지적했듯이, 문제는 우주가 너무 빠르게 팽창하기 때문에 거품들이 빠르게 서로 멀어져 연결될 수 없다는 점이었습니다. 오히려 우주는 매우 비균일한 상태여야 하고, 몇몇 구역들에서는 다양한 힘들 사이의 대칭성이 존재해야 합니다. 그런 우주 모형은 우리가 보는 모습과는 달랐습니다.

1981년 10월에 저는 양자중력 이론에 관한 학회에 참석하려고 모스크바에 갔습니다. 학회가 끝나고 저는 스테른베르크 천문학 연구소에서 인플레이션 모형과 거기에 내포된 문제들에 관한 세미나를 열었습니다. 청중 속에는 젊은 러시아인 안드레이 린데가 있었습니다. 그는 만일 거품들이 매우 컸다면 거품들이 연결되지 못하는 문제를 피할 수 있다고 말했습니다. 그의 말이 옳다면, 우리가 볼 수 있는 우주 구역은 하나의 거품에 들어 있는 것일 수도 있습니다. 이것이 타당하려면 대칭성이 파괴되는 변화가 거품 내부에서 매우 느리게 일어났어야 합니다. 그런데 대통일이론들에 따르면 그런 느린 변화는 충분히 가능합니다.

대칭성이 천천히 깨졌다는 린데의 아이디어는 매우 훌

룡했습니다. 그러나 저는 그의 거품들이 당시의 우주보다 더 커야 한다는 점을 지적했습니다. 저는 대칭성이 모든 곳에서 동시에 깨진 것이 아니라 거품들의 내부에서만 깨졌다는 것을 증명했습니다. 그렇다면 우리가 관측하는 것과 유사한 균일한 우주가 산출될 것입니다. 느린 대칭성 파괴 모형은 왜 우주가 현재의 상태인지를 설명하기 위한 훌륭한 시도였지요. 그러나 저를 비롯한 여러 학자들은 그 모형이, 관측되는 것보다 훨씬 더 큰 마이크로파 배경복사 요동을 예측한다는 점을 증명했습니다. 또한 나중에 이루어진 연구는 초기 우주에 제대로 된 상전이가 있었는가에 대한 의심을 일으켰지요. 린데는 1983년에 더 나은 모형으로 이른바 카오스 인플레이션 모형을 도입했습니다. 이 모형은 상전이에 의존하지 않으며 마이크로파 배경복사 요동의 크기를 옳게 산출합니다. 인플레이션 모형은 우주의 현 상태가 매우 다양한 초기 조건에서 발생할 수 있음을 보여주었습니다. 그러나 모든 각각의 초기 조건에서 우리가 관측하는 것과 유사한 우주가 귀결될 수는 없습니다. 그러므로 인플레이션 모형조차도 왜 초기 조건이 우리가 관측하는 바를 산출할 수 있도록 되어 있었느냐는 질문에 대답하지 못합니다. 결국 인본 원리에 의지하여 설명을 해야 하는 것일까요? 모든 것이 단지 행운이었던 것일까요? 그렇다고 대답하는 것은 절망을 조언하는 것에 다름 아니며, 우주의 기반에 놓인 질서를 이해하려는 우리의 희망을 송두리째 부정하는 것과 다를 바 없습니다.

# 양 자 중 력

우주가 어떻게 시작되었는지 예측하려면 시간의 시초에서 유효한 법칙들이 필요합니다. 그런데 만일 고전적인 일반상대성이론이 옳다면, 특이점 정리에 따라서 시간의 시초는 밀도와 곡률이 무한대인 점입니다. 그런 점에서는 알려진 모든 과학법칙들이 효력을 상실할 것입니다. 특이점에서 유효한 새로운 법칙들이 많이 있을 것이라고 생각할 수도 있겠지만, 그렇게 나쁘게 행동하는 점에서 법칙들을 정식화하는 것만 해도 매우 어려운 일일 것이며, 그 법칙들이 무엇인지 알아내기 위하여 관측을 지침으로 삼을 수도 없을 것입니다. 그러나 특이점 정리들이 실제로 알려주는 것은 중력장이 매우 강해져서 양자중력 효과가 중요해진다는 것입니다. 그렇게 되면 더 이상 고전 이론은 우주에 대한 훌륭한 서술이 아닙니다. 요컨대 우주의 매우 이른 시기를 논하려면 양자중력 이론을 써야 합니다. 곧 보겠지만, 양자이론에서는 평범한 과학법칙들이 시간의 시초를 비롯하여 어디에서나 타당할 수 있습니다. 특이점을 위하여 새 법칙들을 상정할 필요는 없습니다. 왜냐하면 양자이론에서는 어떤 특이점도 필요하지 않기 때문입니다.

양자역학과 중력을 완전하고 일관되게 결합하는 이론은 아직 존재하지 않습니다. 그러나 우리는 그런 통일이론이 가져야 하는 몇 가지 특징들을 확실하게 알고 있습니다.

하나는 그런 통일이론에 양자이론을 역사들의 합으로 정식화해야 한다는 파인먼의 제안이 수용돼야 한다는 점입니다. 파인먼이 제안한 접근법에서 A에서 B로 가는 입자는 고전 이론에서처럼 단 하나의 역사만 가지는 것이 아닙니다. 오히려 그 입자는 시공 속에서 가능한 모든 경로를 거친다고 여겨집니다. 그 역사들 각각에 한 쌍의 수가 연결되는데, 하나는 파동의 크기를 나타내는 수이고 다른 하나는 주기 속에서 파동의 위치 즉 위상을 나타내는 수입니다.

입자가 이를테면 어떤 특정한 점을 통과할 확률은 그 점을 통과할 가능성이 있는 모든 역사들과 연관된 파동들을 전부 더하여 계산합니다. 그런데 이 합산을 실제로 해보면 심각한 기술적 문제들에 부딪히게 되지요. 그 문제들을 우회하는 유일한 길은 다음과 같은 독특한 지침을 따르는 것뿐입니다. 여러분과 내가 경험하는 실수 시간이 아니라 허수 시간에 일어나는 입자 역사들을 나타내는 파동들을 합산하는 것입니다.

허수 시간이라고 하면 과학소설에 나오는 개념처럼 들릴지도 모르겠습니다. 그러나 실제로 허수 시간은 잘 정의된 수학적 개념입니다. 파인먼의 역사들의 합에 결부된 기술적 난점들을 피하려면 허수 시간을 써야 합니다. 그렇게 하면 시공에 흥미로운 일이 일어나 시간과 공간의 구분이 완전히 사라집니다. 그 속에 있는 사건들이 시간 좌표를 허수 값으로 가지는 그런 시공은 거리metric가 양+으로 확정되므로 유클리드 시공이라고 합니다.

유클리드 시공에서는 시간 방향과 공간 방향들 사이에 차이가 없습니다. 반면에 사건들이 시간 좌표를 실수 값으로 가지는 실제 시공에서는 그 차이를 쉽게 지적할 수 있지요. 시간 방향은 빛 원뿔 내부에 놓이고 공간 방향들은 외부에 놓입니다. 허수 시간을 사용하는 것은 단지 실제 시공에 관한 답을 계산하기 위한 수학적 기법이거나 술수라고 생각할 수도 있습니다만, 반대로 유클리드 시공이 근본적인 개념이고, 우리가 실제 시공으로 생각하는 것은 단지 우리가 상상한 허구일 수도 있습니다.

파인먼의 역사들의 합을 우주에 적용하면, 입자의 역사에 해당하는 것은 이제 우주 전체의 역사를 나타내는 휘어진 시공 전체입니다. 앞서 언급한 기술적 이유 때문에 이 휘어진 시공은 유클리드 시공으로 간주되어야 합니다. 다시 말해 시간은 허수이고 공간의 방향들과 구분할 수 없어야 합니다. 어떤 특정한 속성을 지닌 실제 시공을 발견할 확률을 계산하려면, 허수 시간에 있으며 그 속성을 지닌 모든 역사들과 연관된 파동들을 전부 더해야 합니다. 그다음에 무엇이 실수 시간에서 개연성이 있는 우주 역사인지 알아낼 수 있습니다.


## 무 경 계 조 건

실제 시공에 기초를 둔 고전적인 중력이론에서는 우주가 행동할 수 있

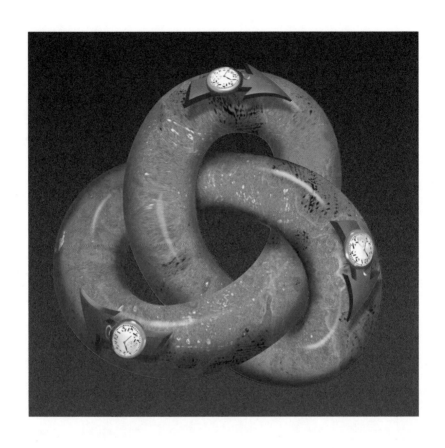

유클리드 사건에서는 시간 방향과 공간 방향들 사이에 차이가 없다

는 방식이 두 가지밖에 없습니다. 우주는 무한히 먼 과거부터 존재했거나, 아니면 과거의 어느 유한한 시점에 특이점에서 시작했어야 합니다. 더 나아가 특이점 정리들은 두 번째 가능성이 옳다는 것을 보여줍니다. 반면에 양자중력 이론에서는 세 번째 가능성이 발생합니다. 이 이론은 시간 방향이 공간 방향들과 같은 토대 위에 있는 유클리드 시공을 사용하므로, 시공은 범위가 유한하면서도 시공의 경계나 끄트머리를 이루는 특이점들은 없을 수 있습니다. 시공은 단지 차원이 두 개 더 있다는 점만 다를 뿐, 지구의 표면과 유사할 수 있습니다. 지구의 표면은 범위가 유한하지만 경계나 끄트머리가 없습니다. 여러분이 지는 해를 향해 계속 항해한다 해도, 끄트머리에서 떨어지거나 특이점에 부딪히지 않을 것입니다. 제가 세계 일주를 해본 사람이라서 잘 알지요.

유클리드 시공이 무한한 허수 시간으로 거슬러 오르거나 특이점에서 시작되었다면, 우리는 우주의 초기 상태를 지정하는 고전 이론에서와 똑같은 문제에 봉착하게 될 것입니다. 신은 어떻게 우주가 시작되었는지 알는지 모르지만, 우리로서는 우주가 다른 방식이 아니라 이런 방식으로 시작되었다고 생각할 특별한 이유를 댈 수 없습니다. 한편 **양자중력 이론은 새로운 가능성을 열었습니다. 이 이론에서는 시공에 경계가 없을 것입니다. 따라서 경계에서의 행동을 지정할 필요가 없을 것입니다.** 과학법칙들이 무너지는 자리인 특이점들이 존재하지 않을 것이며, 시공에 경계조건을 부여하기 위하여 신이나 어떤 새로운 법칙에 호소해야 하는 자리인 시공의 끄트머리가 존재하지 않을 것입니다. 오히려 이렇게 말할 수 있겠지요. "우주의 경계 조건은 경계가 없다는 것이다." 우주는 완전히 자족적이고 우주 외부에 있는 것의 영향을 받지 않을 것입니다. 우주는 창조되지도 않고 파괴되지도 않을 것입니다. 우주는 다만 존재할 것입니다.

저는 시간과 공간 모두 크기가 유한하지만 경계나 끄트머리가 없는 곡면을 형성할 수도 있다는 제안을 바티칸에서 열린 학회에서 처음으로 내놓았습니다. 그러나 제 논문은 매우 수학적이었기 때문에, 그 논문에 담긴 우주 창조에서 신의 역할에 대한 함축들은 당시에 저조차도 알아채지 못했지요. 바티칸 학회 당시에 저는 무경계 아이디어를 써서 우주에 관한 예측들을 도출할 줄 몰랐습니다. 그러나 그다음 여름을 캘리포니아 대학 산타바버라 분교에서 보내면서, 친구이자 동료인 짐 하틀과 만일 시공에 경계가 없다면 우주는 어떤 조건들을 충족시켜야 하는지를 연구하게 되었습니다.

시간과 공간이 유한하면서 경계가 없어야 한다는 생각은 단지 제안이라는 점을 강조하지 않을 수 없습니다. 이 생각은 어떤 다른 원리에서 도출될 수 없습니다. 다른 모든 과학이론이 그렇듯이, 처음엔 미적인 혹은 형이상학적인 근거에서 제안될 수도 있지만, 관건은 그 생각이 관측에 부합하는 예측들을 산출하는가에 있습니다. 그런데 양자중력 이론의 경우에는 예측들과 관측의 일치 여부를 판정하기가 어렵습니다. 여기엔 두

우주왕복선 컬럼비아호에 탑승한 우주인들이 시나이 반도와 사해가 보이는 지구의 표면을 촬영한 70밀리미터 사진. 양자중력 이론에서 시공은 지구의 표면과 유사할 것이다. 즉, 범위는 유한하면서도 경계나 끄트머리는 없을 것이다.

가지 이유가 있습니다.

첫째, 정확히 어떤 이론이 일반상대성이론과 양자역학을 성공적으로 결합하는지 우리는 아직 확실히 모릅니다. 물론 그런 이론이 갖추어야 할 형식에 대해서는 꽤 많이 알고 있기는 하지요. 둘째, 우주 전체를 상세히 서술하는 모형은 수학적으로 너무 복잡해서 우리가 정확한 예측들을 계산해낼 수 없을 것입니다. 그러므로 근사를 할 수밖에 없고, 근사를 한다 하더라도 예측들을 끌어내는 것은 여전히 어려운 문제입니다.

무경계 제안을 채택하면, 우주가 가능한 역사들 중 대부분을 따르는 것으로 발견될 확률은 무시할 수 있을 정도로 작아집니다. 그러나 다른 역사들보다 훨씬 더 확률이 높은 특수한 역사들의 집합이 존재하지요. 그 역사들을 지구의 표면처럼 나타내고, 북극으로부터의 거리를 허수 시간으로 간주할 수 있을 것입니다. 이때 위도를 이루는 원의 크기는 우주의 공간적 크기를 나타낼 것입니다. 우주는 단일한 점인 북극에서 시작합니다. 남쪽으로 움직이면 위도 원은 점점 더 커지고, 그에 대응하여 우주는 허수 시간이 흐름에 따라 팽창할 것입니다. 우주는 적도에서 최대 크기에 도달한 다음 다시 단일한 점인 남극으로 축소될 것입니다. 우주는 남극과 북극에서 크기가 0일 테지만, 그 점들은 지구의 남극과 북극이 특이점이 아닌 것과 마찬가지로 더 이상 특이점이 아닐 것입니다. 과학법칙

▶

허수 시간에서 팽창하고 수축하는 우주

들은 지구의 북극과 남극에서 타당한 것과 마찬가지로 우주의 시초에서도 타당할 것입니다.

반면에 실수 시간에서 우주의 역사는 전혀 다르게 보일 것입니다. 그 역사는 허수 시간에서 우주 역사의 최대 크기와 같은 특정한 최소 크기에서 시작하는 것처럼 보일 것입니다. 그다음에 우주는 실수 시간에서 인플레이션 모형처럼 팽창할 것입니다. 이때 우리는 더 이상 우주가 어떤 식으로든 옳은 상태로 창조되었다고 전제할 필요가 없습니다. 우주는 매우 큰 크기로 팽창할 것이지만 언젠가 다시 실수 시간에서 특이점처럼 보이는 상태로 붕괴할 것입니다. 따라서 어떤 의미에서 우리는 블랙홀로 떨어지지 않는다 해도 여전히 파멸할 운명입니다. 오로지 우리가 우주를 허수 시간을 통해 표상할 때만 특이점들이 존재하지 않을 것입니다.

고전 일반상대성이론의 특이점 정리들은 우주가 시초를 가져야 한다는 것과 그 시초가 양자이론을 통해 서술되어야 한다는 것을 보여주었는데요. 더 나아가 이로부터 우주는 허수 시간에서 유한하면서도 경계나 특이점을 갖지 않을 수 있다는 생각이 나왔지요. 그러나 우리가 살아가는 실수 시간으로 돌아오면, 여전히 특이점들이 있는 것처럼 보일 것입니다. 블랙홀로 떨어지는 가련한 우주인은 여전히 처참한 종말을 맞을 테고요. 오직 그가 허수 시간에서 살 수 있을 때만, 그는 특이점과 마주치지 않을 것입니다.

이는 다음과 같은 점을 시사하는지도 모릅니다. 이른바 허수 시간은 실

▲

허블우주망원경으로 관측한 가장 먼 우주의 모습들은 최초의 별들이 불꽃놀이의 피날레처럼 밝고 화려하게 폭발적으로 등장했을 수도 있다는 단서를 제공한다. 그 피날레는 지구와 태양과 우리 은하가 형성되기 훨씬 전에 있었다. 허블우주망원경이 포착한 가장 먼 광경들은 다음과 같은 잠정적인 결론을 내리게 해준다. 우주는 상당수의 별들을 폭발적인 별 탄생의 격류 속에서 만들어냈다. 칠흑처럼 어두웠던 하늘은 '빅뱅' 후 수억 년 만에 비로소 그 격류 속에서 갑자기 밝아졌다. 그것은 우주를 창조한 어마어마한 폭발이었다. 별들은 지금도 은하들 속에서 계속 태어나고 있지만, 그 탄생 비율은 용솟음치듯 별들이 태어나던 과거 풍요로운 시절에 비하면 새 발의 피에 불과할 수 있다.

세로 근본적인 시간이고, 우리가 실수 시간이라고 부르는 것은 단지 우리가 마음속에서 창조하는 것이라는 점을 말입니다. 실수 시간에서 우주는 시초 특이점과 끝 특이점을 가지며, 그 특이점들은 시공의 경계를 이루고, 거기에서 과학법칙들은 무너집니다.

그러나 허수 시간에서는 특이점이나 경계가 없지요. 그러므로 **어쩌면 우리가 허수 시간이라고 부르는 것이 실제로 더 기초적이고, 실수 시간이라고 부르는 것은 단지 우리가 우주의 실상이라고 생각하는 바를 쉽게 기술하기 위해 발명한 관념일지도 모릅니다.** 그러나 제가 첫 번째 강의에서 설명한 것처럼, 과학이론은 단지 우리가 우리의 관측을 서술하기 위해 만드는 수학적 모형일 따름이지요. 과학이론은 오직 우리의 정신 속에만 존재합니다. 따라서 이런 질문은 무의미합니다. "실수 시간과 허수 시간 중에서 어떤 것이 진짜인가?" 중요한 것은 어떤 것이 더 유용한 서술인가 하는 것뿐이지요.

무경계 제안은 실수 시간에서 우주가 인플레이션 모형처럼 행동해야 한다고 예측하는 듯합니다. 특히 흥미로운 문제는 초기 우주의 균일한 밀도를 벗어난 작은 요동들의 크기입니다. 그 요동들로 인해 최초의 은하들이 형성되고, 이어서 별들이 형성되고, 마지막으로 우리와 같은 존재들이 태어났다고 여겨집니다. 불확정성 원리는 초기 우주가 완벽하게 균일할 수는 없다는 것을 함축합니다. 오히려 초기 우주에서 입자들의 위치와 속도에는 약간의 불확정성 혹은 요동이 있어야 하지요. 무경계 조건을 채택

하면, 우주는 불확정성 원리가 허용하는 최소한의 비균일성을 가지고서 시작했어야 한다는 것을 알 수 있습니다

그다음에 우주는 인플레이션 모형에서처럼 빠른 팽창기를 겪었을 것입니다. 이 시기에 최초의 비균일성들은 은하들의 기원을 설명하기에 충분한 크기로 증폭되었을 것입니다. 그러므로 우리가 우주에서 보는 모든 복잡한 구조들은 우주에 대한 무경계 조건과 양자역학의 불확정성 원리에 의해 설명될 수 있을지도 모릅니다.

공간과 시간이 경계가 없는 닫힌곡면을 이룰 수도 있다는 생각은 우주에 대한 신의 역할과 관련해서도 심오한 의미를 담고 있습니다. 과학이론들이 여러 사건을 설명하는 데 성공함에 따라, 대부분의 사람들은 신이 우주가 법칙들에 따라 진화하도록 놔둔다고 믿게 되었지요. 신은 우주에 개입하여 그 법칙들을 깨뜨리는 일이 없는 듯합니다. 그러나 그 법칙들은 우주가 맨 처음에 어떤 모습이었는지 알려주지 않지요. 그렇다면 우주라는 시계의 태엽을 감고 그 시계가 어떻게 작동하기 시작할지 선택하는 것은 여전히 신의 몫으로 남을 것입니다. 우주가 정말로 특이점에서 시작했다면, 우리는 외부의 행위자가 우주를 창조했다고 생각할 수도 있을 것입니다. 그러나 우주가 실제로 완벽하게 자족적이며 경계나 끄트머리를 갖지 않는다면, 우주는 창조되지도 파괴되지도 않을 것입니다. 우주는 그저 존재하겠지요. 그렇다면 창조자가 설 자리는 어디일까요?

여섯 번째 강의

# 시간의 방향

우주는 매우 매끄럽고 질서 있는 상태에서

시작했을 수 있습니다. 그랬다면 우리가 경험하는

열역학적 시간의 화살과 함께 점차 무질서하게 변해갔을 겁니다.

하지만 매우 울퉁불퉁하고

무질서한 상태에서 출발했을 수도 있지요.

우린 양자역학의 불확정성원리를 생각해봐야 합니다.

열역학적 시간의 화살은 뒤집히게 될까요?

하틀리는 《중매인》에서 이렇게 썼습니다. "과거는 낯선 나라다. 거기
사람들은 다르게 행동한다. 하지만 왜 과거는 이토록 미래와 다를까? 왜
우리는 과거는 기억하면서 미래는 기억하지 못할까?" 제 식으로 표현하
자면 이렇습니다. 왜 시간은 앞으로 흐를까요? 시간의 흐름은 우주가 팽
창한다는 사실과 연관이 있을까요?

   물리법칙들은 과거와 미래를 구별하지 않습니다. 더 정확히 말하자면,
물리법칙들은 C, P, T로 알려진 연산들의 조합 아래에서 불변합니다(C는 입자
를 반입자로 바꾸기, P는 왼쪽과 오른쪽이 뒤바뀌도록 거울상을 취하기, T는 모든 입자들의 운동 방향을 뒤집기
ㄹ 사실상 운동을 거꾸로 돌리기를 의미합니다). 평범한 상황에서 물질의 행동을 지배하는
물리법칙들은 연산 C와 P 아래에서 불변합니다. 즉, 우리의 거울상이며 반

일상생활에서 시간이 앞으로 흐르는 것과 거꾸로 흐르는 것 사이에는 큰 차이가 있다.

물질로 이루어진 존재들의 삶도 우리의 삶과 똑같다는 것이지요. 혹시라도 다른 행성에 사는 자가 여러분에게 와서 왼손을 내밀거든 악수하지 마십시오. 반물질로 된 존재일지도 모르니까요. 그럴 경우 그와 악수를 한다면, 두 사람 다 엄청난 섬광을 발하며 사라질 것입니다. 만일 물리법칙들이 연산 C와 P의 조합에 의해 불변하고, 또한 연산 C, P, T의 조합에 의해서도 불변한다면, 연산 T 아래에서도 불변해야 합니다. 그러나 일상에서 시간이 앞으로 흐르는 것과 거꾸로 흐르는 것 사이엔 큰 차이가 있지요.

물컵이 테이블에서 떨어져 바닥에서 산산조각 나는 것을 상상해보십시오. 이 과정을 영화로 찍어 보여준다면, 영화가 앞으로 돌아가고 있는지 아니면 거꾸로 돌아가고 있는지 쉽게 알 수 있습니다. 영화를 거꾸로 돌리면, 깨진 조각들이 갑자기 모여 튀어 오르면서 탁자로 올라와 온전한 컵을 이루는 것을 보게 되겠지요. 그러면 여러분은 영화가 거꾸로 돌아가고 있다고 말할 수 있습니다. 그런 식의 일은 일상생활에서는 결코 관측할 수 없으니 말입니다. 만약 그런 일이 관측된다면, 컵 공장 직원들은 전부 실업자가 되고 말 테지요.


## 시 간 의 화 살

왜 우리가 깨진 컵이 탁자로 튀어 오르는 것을 보지 못하는가에 대하여 일반적으로 제시되는 설명은 그것이 열역학 제2법칙에 의해 금지되어 있다는 것입니다. 열역학 제2법칙은 무질서 혹은 엔트로피가 시간이 흐름에 따라 항상 증가한다고 말합니다. 쉽게 말해서 열역학 제2법칙은 머피의 법칙, 즉 모든 사정은 점점 더 나빠진다는 법칙이지요. 테이블에 놓인 온전한 컵은 질서가 높은 상태입니다. 반면에 바닥의 깨진 컵은 무질서한 상태입니다. 그러므로 과거에 테이블 위에 있는 온전한 컵이 미래에 바닥에 있는 깨진 컵으로 변할 수는 있지만, 반대 방향으로 변할 수는 없습니다.

시간에 따른 무질서 혹은 엔트로피의 증가는 우리가 시간의 화살이라고 부르는 것의 한 예입니다. 시간의 화살은 시간에 방향을 부여하고 과거를 미래와 구별합니다. 시간의 화살은 적어도 세 개가 있습니다. 첫째, 열역학적 시간의 화살이 있습니다. 이것은 무질서 혹은 엔트로피가 증가하는 시간 방향을 의미하지요. 둘째, 심리적 시간의 화살이 있습니다. 이것은 우리가 느끼는 시간의 방향입니다. 그 방향으로 인해 우리는 과거는 기억하지만 미래는 기억하지 못하지요. 셋째, 우주과학적 시간의 화살이 있습니다. 이것은 우주가 수축하지 않고 팽창하는 시간 방향입니다.

저는 이제부터 다음과 같이 주장할 것입니다. 심리적 화살은 열역학적 화살에 의해 결정되며, 이 두 화살들은 항상 같은 방향을 가리킵니다. 만일 우주에 대하여 무경계 조건을 채택하면, 언급한 두 화살은 우주과학적 시간의 화살과 연관됩니다. 물론 세 화살이 모두 동일한 방향을 가리켜야

하는 것은 아닙니다. 그러나 오로지 세 화살이 일치할 때만, 다음과 같은 질문을 던질 수 있는 지적인 존재들이 있을 수 있습니다. "왜 무질서가 증가하는 시간 방향은 우주가 팽창하는 시간 방향과 동일할까요?"

## 열 역 학 적 화 살

먼저 열역학적 시간에 대하여 이야기하겠습니다. 열역학 제2법칙은 질서 있는 상태보다 무질서한 상태가 훨씬 더 많다는 사실에 기초를 둡니다. 한 예로 조각 그림 맞추기 퍼즐을 생각해보십시오. 조각들이 완전한 그림을 이루는 배열은 단 하나뿐입니다. 반면에 조각들이 무질서하게 놓여 그림이 되지 않는 배열은 아주 많습니다.

어떤 계가 몇 개 안 되는 질서 있는 상태 가운데 하나에서 출발한다고 해보지요. 시간이 흐르면, 계는 물리법칙들에 따라 진화하고 계의 상태는 바뀔 것입니다. 나중의 어느 시점에 그 계는 더 무질서한 상태에 있을 확률이 높습니다. 그 이유는 간단합니다. 무질서한 상태가 훨씬 더 많기 때문이지요. 요컨대 만일 계가 질서가 높은 초기 조건에서 출발한다면, 시간이 흐름에 따라 계의 무질서는 증가하는 경향이 있습니다.

처음에 퍼즐 조각늘이 질서 있게 배열되어 완전한 그림을 이뤘다고 해봅시다. 여러분이 퍼즐 상자를 흔들면, 조각들의 배열은 달라질 것입니다. 그 배열은 제대로 된 그림이 나오지 않는 무질서한 배열일 가능성이 높습니다. 무질서한 배열의 경우가 훨씬 더 많기 때문이지요. 일부 조각들의 집단은 여전히 그림의 한 부분을 이루겠지만, 상자를 흔들면 흔들수록, 그 집단도 흐트러질 가능성이 더 높아집니다. 결국 조각들은 어떤 그림도 만들지 못하는 완전한 뒤죽박죽 상태가 될 것입니다. 요컨대 만일 조각들이 질서가 높은 초기 조건에서 출발한다면, 조각들의 무질서는 시간이 흐름에 따라 증가할 가능성이 높습니다.

반면에 신의 결정에 의해 우주가 나중에는 질서가 높은 상태로 종결되어야 하지만 처음에 어떤 상태에서 출발하는지는 정해진 바 없다고 가정해봅시다. 그러면 우주는 초기에 무질서한 상태에 있고 시간이 흐름에 따라 무질서가 감소할 가능성이 높습니다. 그런 우주에서는 깨진 컵 조각들이 모여 테이블로 튀어 오를 것입니다. 그러나 시간이 흐름에 따라 무질서가 감소하는 우주에는 그런 컵을 관측할 인간이 존재하지 않을 것입니다. 그런 컵을 관측할 존재는 반대 방향의 심리적 시간의 화살을 가져야 할 것입니다. 다시 말해 그 존재는 이후의 시간을 기억하고 이전의 시간을 기억하지 못할 것입니다.

## 심 리 적 화 살

인간의 기억에 대해 논하는 일은 꽤 어렵습니다. 왜냐하면 뇌가 세부적으로 어떻게 작동하는지 우리가 모르기 때문입니다. 그러나 컴퓨터 메모리가 어떻게 작동하는지는 완벽하게 알고 있지요. 그러므로 저는 컴퓨터의 입장에서 본 심리적 시간의 화살을 논할 것입니다. 저는 컴퓨터와 관련된 시간의 화살이 인간의 시간의 화살과 동일하다고 전제하는 것이 합당하다고 생각합니다. 만약 그 두 화살이 동일하지 않다면, 미래의 주가를 기억하는 컴퓨터를 이용하여 주식시장에서 대박을 터뜨릴 수 있겠지요.

컴퓨터 메모리는 기본적으로 두 상태 중 한 상태가 될 수 있는 장치입니다. 그런 장치의 예로 초전도 회로를 들 수 있는데요. 만일 그 회로에 전류가 흐른다면, 회로에 전기적 저항이 없으므로 전류는 계속 흐를 것입니다. 반면에 회로에 전류가 없다면, 계속해서 전류가 없을 것입니다. 우리는 이 두 메모리 상태를 '1'과 '0'으로 나타낼 수 있습니다.

한 항목이 메모리에 기록되기 이전에, 메모리는 1과 0의 확률이 동등한 무질서 상태에 있습니다. 하지만 메모리가 기억될 계와 상호작용하고 난 다음에는, 메모리는 그 계의 상태에 따라서 확정적으로 1의 상태나 0의 상태가 될 것입니다. 따라서 메모리는 무질서한 상태에서 질서 있는 상태로 이행하는 것입니다. 그러나 메모리가 올바른 상태에 있다는 것을 확인하려면 일정한 양의 에너지가 필요합니다. 이 에너지는 열로 흩어지고, 우주의 무질서는 증가합니다. 그런데 이 무질서 증가는 메모리의 질서 증가보다 더 큽니다. 따라서 컴퓨터가 한 항목을 메모리에 기록할 때, 우주의 무질서 총량은 증가합니다.

컴퓨터가 과거를 기억할 때의 시간 방향은 무질서가 증가하는 시간 방향과 동일합니다. 이는 시간의 방향에 대한 우리의 주관적 느낌, 즉 심리적 시간의 화살이 열역학적 시간의 화살에 의해 결정된다는 것을 의미합니다. 이렇게 되면 열역학 제2법칙은 너무 당연해서 거의 시시한 것이 되지요. 시간이 흐름에 따라 무질서가 증가하는 것은, 우리가 무질서가 증가하는 방향으로 시간을 측정하기 때문입니다. 이보다 더 당연한 말이 어디 있겠습니까.

## 우 주 의 경 계 조 건

그런데 도대체 왜 우주는 우리가 과거라고 부르는 시간의 한쪽 끝에서 질서가 높은 상태에 있어야 할까요? 왜 우주는 늘 완전한 무질서 상태에 있지 않았을까요? 사실 늘 무질서 상태에 있는 것이 더 확률이 높습니다. 또 왜 무질서가 증가하는 시간 방향은 우주가 팽창하는 시간 방향과 동일할까요? 우주가 팽창의 시초에 매끄럽고 질서 있는 상태에 있도록 신이 선택했을 따름이라는 대답도 가능합니다. 그렇다면 우리는 왜라는 질문을 던지거나 신이 염두에 둔 이유를 묻지 말아야 할 것입니다. 왜냐하면 우주의 시초는 그저 신의 작품일 테니까 말이지요. 그러나 이런 식이라면, 우주의 역사 전체도 신의 작품이라고 말할 수 있습니다.

우주는 잘 정의된 법칙들에 따라 진화하는 것처럼 보입니다. 그 법칙들은 신이 부여한 것일 수도 있고 그렇지 않을 수도 있지만, 아무튼 우리는 그것들을 발견하고 이해할 수 있는 듯합니다. 그러므로 똑같은 혹은 유사한 법칙들이 우주의 시초에 대해서도 타당하리라고 희망한다면, 이것은 부당한 희망일까요? 고전 일반상대성이론에서 우주의 시초는 시공의 곡률과 밀도가 무한한 특이점이어야 합니다. 그런 조건에서는 우리가 알고 있는 모든 물리법칙들이 무너집니다. 따라서 우리는 우주가 어떻게 시작되었는지 예측하기 위하여 그 법칙들을 사용할 수 없습니다.

우주는 매우 매끄럽고 질서 있는 상태에서 출발했을 수 있습니다. 그랬다면 우리가 관측하는 것과 같은 정의가 명확한 열역학적 시간의 화살과 우주과학적 시간의 화살로 귀결되었을 것입니다. 하지만 매우 우툴두툴하고 무질서한 상태에서 출발했을 가능성도 똑같이 있습니다. 이 경우에 우주는 시초에 이미 완전한 무질서 상태이므로, 시간이 흐름에 따라 무질서는 증가할 수 없을 것입니다. 무질서는 일정하게 유지되거나 감소할 것이며, 일정하게 유지될 경우 정의가 명확한 열역학적 시간의 화살은 존재하지 않을 것입니다. 한편 무질서가 감소할 경우에는 열역학적 시간의 화살과 우주과학적 시간의 화살은 서로 반대 방향을 가리키게 될 것입니다 이 가능성들 가운데 어느 것도 우리가 관측하는 바에 부합하지 않습니다.

다시 말하지만, 고전 일반상대성이론은 우주가 시공의 곡률이 무한대인 특이점에서 시작되어야 한다고 예측합니다. 사실 따지고 보면, 이것은 고전 일반상대성이론이 자기 자신의 몰락을 예측한다는 뜻이지요. 시공의 곡률이 커지면, 양자중력 효과가 중요해지고 고전 이론은 더는 우주에 대한 훌륭한 서술이 될 수 없습니다. 그러므로 우주가 어떻게 시작되었는지 이해하려면 양자중력 이론을 써야 합니다.

양자중력 이론은 가능성 있는 모든 우주 역사들을 고려합니다. 각각의 역사에 한 쌍의 수가 붙는데, 하나는 파동의 크기를 나타내고 다른 하나는 파동의 위상, 즉 파동이 골에 있는지 마루에 있는지를 나타냅니다. 우주가 특정한 속성을 가질 확률은 그 속성을 지닌 모든 역사들에 대응하는 파동들을 전부 더해서 계산합니다. 역사들은 시간에 따른 우주의 진화를 나타내는 휘어진 공간들일 것입니다. 가능성 있는 우주 역사들이 시공의 과거 경계에서 어떻게 행동할지는 양자중력 이론에서도 여전히 대답해야 할 질문일 것입니다. 그런데 우리는 우주의 과거 경계조건을 모르며 알 수도 없습니다. 그러나 만일 우주의 경계조건이 경계가 없다는 것이라면 이 난점을 피할 수 있지요. 그럴 경우 가능성 있는 모든 역사들은 범위가 유한하면서도 경계, 끄트머리, 혹은 특이점이 없습니다. 그 역사들은 단지 차원이 두 개 더 있다는 점만 다를 뿐, 지구의 표면과 유사합니다. 그러면 시간의 시초는 고르게 매끄러운 시공의 점일 것입니다. 이는 우주가 매우 매끄럽고 질서 있는 상태에서 팽창을 시작했다는 뜻입니다. 시초의 우주는 완전히 균일할 수 없습니다. 왜냐하면 그것은 양자이론의 불확정성 원리에 위배되기 때문입니다. 오히려 입자들의 밀도와 속도에 작은 요동이 있었어야 합니다. 그러나 무경계 조건은 이 요동이 불확정성 원리가 허용하는 최소의 크기였다는 것을 함축합니다.

우주 진화의 시작은 기하급수적인 팽창 혹은 인플레이션 팽창이었을 것입니다. 이 인플레이션 팽창기에 우주의 크기는 엄청나게 증가했을 것입니다. 이 시기에 밀도 요동들은 처음에는 작게 유지되었지만 나중에는 점점 더 커지기 시작했을 것입니다. 밀도가 평균보다 약간 더 높은 구역들은 추가 질량이 발휘하는 인력으로 인해 팽창이 느려졌을 것입니다. 결국 그런 구역들은 팽창을 멈추고 붕괴하여 은하들과 별들, 그리고 우리와 같은 존재들을 형성했을 것입니다.

우주는 매끄럽고 질서 있는 상태에서 출발했고 시간이 흐름에 따라 우툴두툴하고 무질서해질 것입니다. 바로 그렇기 때문에 열역학적 시간의 화살이 존재합니다. 우주는 질서가 높은 상태에서 출발하여 시간이 흐름에 따라 더 무질서해질 것입니다. 앞서 말했듯이, 심리적 시간의 화살은 열역학적 시간의 화살과 같은 방향을 가리킵니다. 그러므로 우리가 주관적으로 느끼는 시간의 방향은 우주가 수축하는 시간 방향이 아니라 팽창하는 시간 방향일 것입니다.


## 시간의 화살이 뒤집힐까?

만일 우주가 팽창을 멈추고 다시 수축하기 시작한다면, 시간은 어떻게 될까요? 열역학적 화살이 뒤집히고, 시간이 흐름에 따라 무질서가 감소하기 시작할까요? 만일 그렇게 된다면, 우주의 팽창기를 지나 수축기까지 살아남은 사람들에게 과학소설에나 나올 만한 온갖 가능성들이 열릴 것입니다. 그들은 깨진 컵이 조립되어 탁자로 튀어 오르는 것을 보게 될까요? 미래의 주가를 기억하여 주식시장에서 대박을 터뜨리게 될까요?

이런 고민은 탁상공론에 가깝다고 느끼는 분들도 있을 것입니다. 앞으로 적어도 100억 년 동안 우주는 수축을 시작하지 않을 테니 말입니다.

그러나 우주가 수축할 때 어떤 일이 일어날지를 더 빨리 알아낼 길이 있습니다. 바로 블랙홀로 뛰어드는 것이지요. **별이 붕괴하여 블랙홀을 형성하는 과정은 나중에 우주 전체가 붕괴하면서 겪을 과정과 매우 유사합니다.** 그러니까 만일 우주의 수축기에 무질서가 감소해야 한다면, 블랙홀 내부에서도 그러해야 한다고 추측할 수 있을 것입니다. 따라서 블랙홀로 떨어진 우주인은 아마도 돈을 걸기 전에 구슬이 어디로 갈지 기억함으로써 룰렛 게임에서 한밑천 잡을 수 있겠지요. 하지만 안타깝게도 그는 도박을 몇 판 해보기도 전에 매우 강한 중력장으로 인해 국수 가락처럼 길게 늘어지고 말 것입니다. 또 도박에서 딴 돈을 은행에 예금할 수 없는 것은 물론, 우리에게 열역학적 화살이 뒤집히는 것에 대해서 알려줄 수도 없을 것입니다. 블랙홀의 사건의 지평선 너머에 갇힐 테니까요.

처음에 저는 우주가 재붕괴할 때 무질서가 감소할 것이라고 믿었습니다. 우주가 다시 작아지면서 매끄럽고 질서 있는 상태로 돌아가야 한다고 생각했기 때문입니다. 만일 그렇다면 수축기는 팽창기의 시간을 뒤집어놓은 것처럼 될 것이며, 수축기의 사람들은 거꾸로 흐르는 삶을 살 것입니다. 그들은 태어나기 전에 죽을 것이며 점점 더 어려질 것입니다. 이 생각은 팽창기와 수축기 사이에 멋진 대칭성이 성립한다는 것을 함축하기 때문에 매력적입니다. 그러나 우주에 대한 다른 생각들과는 독립적으로 이 생각만을 받아들일 수는 없습니다. 문제는 이것이지요. 이런 저의 생각은 무경계 조건에 함축되어 있을까요, 아니면 그 조건과 상충하는 걸까요?

방금 말했듯이 저는 처음에 무경계 조건이 수축기에 무질서가 감소하는 것을 실제로 함축한다고 생각했습니다. 그 생각은 단순한 우주 모형에 기초를 두고 있었고, 그 모형에서 수축기는 팽창기의 시간적 역인 것처럼 보였습니다. 그러나 제 동료인 돈 페이지는 무경계 조건이 수축기가 반드시 팽창기의 시간적 역이 될 것을 요구하지 않는다는 점을 지적했습니다. 더 나아가 저의 학생인 레이먼드 라플람은, 약간 더 복잡한 모형에서 우주의 붕괴는 팽창과 매우 다르다는 것을 발견했습니다. 그때 제가 틀렸다는 것을 깨달았지요. 실제로 무경계 조건은 우주가 수축할 때에도 무질서가 계속 증가하는 것을 함축했습니다. 우주가 다시 수축할 때, 혹은 블랙홀의 내부에서도 열역학적 시간의 화살과 심리적 시간의 화살은 뒤집히지 않을 것입니다.

자신이 실수를 저질렀다는 것을 알게 되었을 때, 여러분은 어떻게 대처하는 편인가요? 에딩턴을 비롯한 일부 사람들은 자기가 틀렸다는 것을 절대로 인정하지 않습니다. 그들은 계속해서 자기가 옳다는 것을 뒷받침하기 위해 새로운 논증들을 찾아내며, 그 논증들은 일관성이 없게 마련이지요. 또 애초에 자기가 틀린 입장을 정말로 지지한 적이 없다고 주장하거나, 만일 정말로 주장했다면 그것은 그 입장이 틀렸다는 것을 보여주기 위해서였을 뿐이라고 주장하는 사람들도 있습니다. 저는 이런 사람들의 예를 무수히 들 수 있지만, 너무 외톨이가 될까 봐 그러지는 않겠습니다.

제 생각에는 자신이 틀렸다는 것을 공식적인 글로 인정하는 편이 더 낫고 홀가분합니다. 그렇게 한 모범적인 인물로 아인슈타인이 있습니다. 그는 자신이 정적인 우주 모형을 만들려고 도입한 우주상수가 일생 최대의 실수였다고 말했습니다.

# 만물의
# 이론

아인슈타인은 우주물리학을 통일할

완전한 '만물의 이론' 을 찾고자 노력했습니다.

물론 그는 실패했습니다. 이 해답의 실마리는 일반상대성이론과

양자역학의 불확정성원리를 결합하는 데에 있는데요.

이 결합으로 우리는 블랙홀이 검지 않다는 것과

우주가 완전히 자족적이고 경계가 없다는 결과를 도출할 수 있었습니다.

궁극적이며 완전한 자연법칙은 등장할 수 있을까요?

완전한 만물의 통일이론을 단번에 구성하는 것은 매우 어려운 일입니다. 그래서 우리는 부분이론들을 발견함으로써 차근차근 나아갔습니다. 부분이론들은 한정된 범위의 사건들만 서술하고 다른 효과들은 무시하거나 특정한 수들로 근사치를 구합니다. 예컨대 화학에서 우리는 원자핵의 내부 구조를 몰라도 원자들의 상호작용을 계산할 수 있습니다. 그러나 결국엔 그 모든 부분이론들을 근사 이론으로 포함한 완전하고 일관되고 통합적인 이론을 발견하겠다는 희망이 고개를 들기 마련입니다. 그런 이론의 추구는 '물리학의 통일'이라고 불립니다.

아인슈타인은 말년의 대부분을 통일이론을 추구하면서 보냈지만 성과를 거두지 못했습니다. 당시에는 아직 때가 일렀지요. 그 시절에는 핵력에 대하여 알려진 바가 매우 적었습니다. 게다가 아인슈타인은 스스로 양자역학의 발전에 중요한 기여를 했음에도 불구하고 양자역학의 실재성을 믿지 않았습니다. 그러나 불확정성 원리는 우리가 사는 우주의 근본적인 특징인 것처럼 보입니다. 그러므로 성공적인 통일이론은 반드시 이 원리를 수용해야 합니다.

그런 이론을 발견할 전망은 오늘날 훨씬 더 밝습니다. 왜냐하면 지금 우리는 우주에 대하여 훨씬 더 많은 것을 알고있기 때문입니다. 그러나 오만은 경계해야 하지요. 과거에도 가짜 새벽이 임박한 적은 많았습니다. 예를 들어 20세기 초에 사람들은 모든 것을 탄성이나 열전도와 같은 연속적인 물질의 속성들로 설명할 수 있을 것이라고 생각했습니다. 그러나 원자 구조의 발견과 불확정성 원리는 그런 생각에 애도의 종을 울렸습니다. 그 후 다시 1928년에 막스 보른은 괴팅겐 대학을 방문한 사람들에게 이렇게 말했습니다. "우리가 아는 물리학은 6개월 안에 끝날 것이다." 그의 자신감은 당시 폴 디랙이 발견한, 전자를 지배하는 방정식에 기초를 두고 있었는데요. 사람들은 그와 유사한 방정식이 당시 유일하게 알려졌던 또 다른 입자인 양성자를 지배할 것이라고 생각했습니다. 그러나 중성자와 핵력이 발견됨으로써 그의 생각은 여지없이 무너졌지요.

이렇게 오만하지 말자고 당부했지만, 그럼에도 저는 우리가 지금 궁극적인 자연법칙을 완결하기 직전이라는, 조심스러운 낙관을 할 근거가 있다고 믿습니다. 현재 우리는 여러 부분이론들을 가지고 있습니다. 중력에 관한 부분이론인 일반상대성이론이 있고, 약한 핵력과 강한 핵력과 전자기력을 지배하는 부분이론들이 있습니다. 마지막 세 이론들은 이른바 대통일이론으로 통합될지도 모릅니다. 하지만 그 통합은 중력을 배제하기 때문에 그다지 만족스럽지 못합니다. 중력을 다른 힘들과 통합하는 이론을 찾는 데서 가장 큰 어려움은 일반상대성이론이 고전 이론이라는 점에서 비롯되지요. 쉽게 말해서 일반상대성이론은 양자역학의 불확정성 원리를 수용하지 않습니다. 반면에 다른 부분이론들은 본질적으로 양자역학에

의존합니다. 그러므로 필수적인 첫걸음은 일반상대성이론과 불확정성 원리를 결합하는 것인데요. 이미 설명했듯이 이 결합은 몇 가지 놀라운 귀결들을 산출할 수 있습니다. 예컨대 블랙홀이 검지 않다는 귀결과 우주가 완전히 자족적이고 경계가 없다는 귀결을 산출할 수 있습니다. 문제는 불확정성 원리가 빈 공간조차도 가상적인 입자와 반입자의 쌍들로 채워져 있다는 것을 함축한다는 점입니다. 이 쌍들은 무한한 에너지를 보유할 것입니다. 따라서 그 중력적 인력은 우주를 휘어 크기가 무한히 작아지게 만들 것입니다.

이와 매우 유사하게 다른 양자이론들에서도 겉보기에 터무니없는 무한들이 등장합니다. 그러나 그 이론들에서는 이른바 재규격화라는 절차를 통해 그 무한들을 제거할 수 있습니다. 재규격화는 이론 속의 입자들의 질량과 힘들의 세기를 무한한 양만큼 조정하는 작업을 포함합니다. 이 기법은 수학적으로는 의심스러운 편이지만, 실제로 잘 작동하는 듯합니다. 재규격화를 통해 산출한 예측들은 관측과 놀라울 정도로 일치했습니다.

그러나 재규격화는 완전한 이론을 추구하는 입장에서 볼 때 심각한 결함이 있습니다. 무한에서 무한을 빼면, 답은 무엇이든 될 수 있지요. 이는 실제 질량 값들과 힘의 세기들을 이론적으로 예측할 수 없다는 것을 뜻합니다. 오히려 그것들은 관측에 맞도록 선택되어야 합니다. 일반상대성이론의 경우에는 조정될 수 있는 양들이 단 두 개, 중력의 세기와 우주상수 값뿐입니다. 그러나 이 양들을 조정하는 것만으로는 모든 무한들을 제거할 수 없습니다. 그러므로 일반상대성이론은 시공의 곡률을 비롯한 특정 양들이 정말로 무한대라고 예측하는 듯한데, 그 양들은 완벽하게 유한한 양으로 관측되고 측정될 수 있습니다. 이 문제를 해결하기 위한 노력의 결과로 1976년에 이른바 '초중력이론'이 나왔습니다. 이 이론은 사실상 몇 개의 입자를 추가한 일반상대성이론에 불과했습니다.

일반상대성이론에서 중력은 스핀<sub>원자 구성 입자나 원자핵과 관련되는 각 운동량의 합</sub>이 2인 중력자라는 입자에 의해 운반된다고 생각할 수 있습니다. 초중력이론의 핵심 아이디어는 스핀이 3/2, 1, 1/2, 0인 다른 새 입자들을 추가하는 것이었습니다. 그렇게 하면 어떤 의미에서 이 모든 입자들을 동일한 '초입자'의 다양한 측면들로 간주할 수 있는데요. 스핀이 각각 1/2과 3/2인 가상 입자-반입자 쌍들은 음의 에너지를 가집니다. 이 음의 에너지는 스핀이 0, 1, 2인 가상 입자 쌍들의 양의 에너지를 상쇄하는 경향이 있습니다. 이런 식으로 가능한 무한들을 다수 소거할 수 있습니다. 그러나 몇몇 무한들은 여전히 남을 것이라는 의심이 제기되었습니다. 하지만 소거되지 않고 남는 무한들이 있는지 여부를 알아내는 데 필요한 계산들은 너무 길고 어려워서 아무도 그 계산에 뛰어들지 않았습니다. 그 계산들을 해내려면 컴퓨터를 이용한다 해도 최소한 4년이 걸릴 것 같았지요. 계산하다 보면 한 개 이상의 실수를 범할 가능성이 매우 높았습니다. 따라서 누군가의 계산이 옳은지 여부를 알아내려면 다른 사람이 그 계산을 다시해서 똑같은 답을 얻는 길밖에 없었고, 그 두 답이 일치할 가능성은 그리

높지 않아 보였습니다.

이 문제로 인해 이른바 끈이론을 선호하는 경향이 생겨났습니다. 끈이론들에서는 기초적인 대상이 공간의 한 점을 차지한 입자가 아닙니다. 그것은 오히려 다른 차원은 없이 길이만 가지며, 무한히 가는 고리와 유사한 끈입니다. 입자는 매순간 공간의 한 점을 차지합니다. 따라서 입자의 역사는 시공 속의 선인 이른바 '세계선world-line'으로 표현할 수 있습니다. 반면에 끈은 매순간 공간 속의 한 선을 차지합니다. 따라서 시공 속에서 끈의 역사는 '세계면world-sheet'이라는 2차원 곡면입니다. 그런 세계면 위의 임의의 점은 두 개의 수, 즉 시간을 나타내는 수와 끈에서 그 점의 위치를 나타내는 수로 기술할 수 있습니다. 끈의 세계면은 원통 혹은 관입니다. 그 관의 단면은 원이며, 그 원은 특정 시간대의 끈의 위치를 나타냅니다.

두 개의 끈은 결합하여 단일한 끈을 이룰 수 있습니다. 마치 바지에 바짓가랑이 두 개가 달려 있는 것처럼 말입니다. 마찬가지로 단일한 끈이 두 개의 끈으로 분리될 수도 있지요. 과거에 입자로 생각되었던 것은 끈이론에서 끈을 따라 이동하는 파동으로 여겨집니다. 한 입자가 다른 입자를 방출하거나 흡수하는 것은 끈이 분리되거나 결합되는 것에 해당합니다. 예를 들어 태양이 지구에 중력을 가하는 것은 H 모양의 관에 해당합니다. 어떤 의미에서 끈이론은 배관 기술과 아주 흡사한데요. H관의 두 수직 부분에서 이동하는 파동들은 태양과 지구에 있는 입자들에 해당

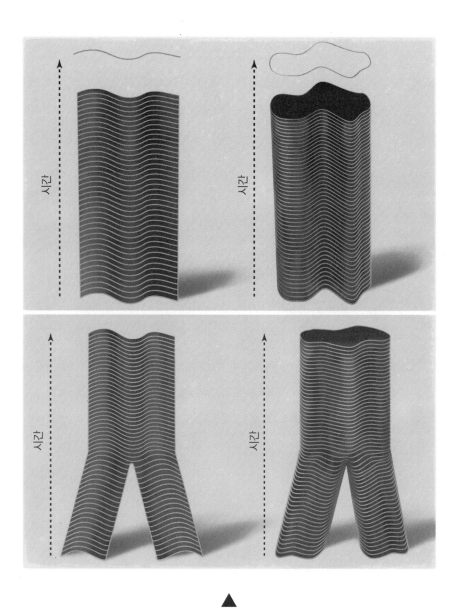

위) 끈의 세계면은 원통 혹은 관이다
아래) 두 개의 끈은 결합하여 다양한 끈을 이룰 수 있다

하고, 수평 연결부에서 이동하는 파동들은 그 입자들 사이에 작용하는 중력에 해당합니다.

끈이론은 별난 역사를 가지고 있습니다. 그 이론은 원래 1960년대 말에 강한 핵력을 서술하는 이론을 찾으려는 노력 속에서 발명되었습니다. 핵심 아이디어는 양성자와 중성자를 비롯한 입자들을 끈 위의 파동으로 간주할 수 있다는 것이었습니다. 그 입자들 사이의 강한 핵력은 다른 끈들 사이를 오가는 끈에 해당한다고 여겨졌지요. 마치 거미줄에서 두 줄 사이를 오가는 줄이 있듯이 말입니다. 이 이론이 관측된 강한 핵력의 값을 산출하려면, 끈들은 장력이 약 10톤인 고무 밴드와 같아야 했습니다.

조엘 셰르크와 존 슈워츠는 1974년에 논문을 발표하여 끈이론이 중력을 기술할 수 있음을 보여주었습니다. 그러나 그러려면 끈의 장력이 훨씬 더 커서 약 $10^{39}$톤이어야 했습니다. 끈이론의 예측들은 평범한 길이 규모에서는 일반상대성이론의 예측들과 동일했지만, $10^{33}$센티미터보다 작은 거리에서는 달랐습니다. 그러나 셰르크와 슈워즈의 연구는 많은 주목을 받지 못했습니다. 당시에 대부분의 사람들이 강한 핵력에 대한 원래의 끈 이론을 폐기했기 때문인데요. 셰르크는 비극적으로 죽음을 맞았습니다. 그는 당뇨병을 앓고 있었고 인슐린 주사를 놓아줄 사람이 주변에 아무도 없을 때 혼수상태에 빠지고 말았습니다. 그리하여 슈워즈만 거의 유일한 끈이론 지지자로 남았지요. 그는 끈의 장력을 훨씬 더 큰 값으로 새로이 제안했습니다.

1984년에 끈에 대한 관심이 되살아난 데는 두 가지 이유가 있는 듯합니다. 한 가지 이유는 초중력 이론이 유한하다는 것을 증명하는 작업이나 그 이론이 우리가 관측하는 입자들을 설명할 수 있다는 것을 증명하는 작업이 지지부진했다는 점입니다. 또 다른 이유는 존 슈워츠와 마이크 그린이 발표한 논문이었습니다. 그 논문은 끈이론이 내재적으로 왼손잡이 성질을 지닌 입자들의 존재를 설명할 가능성이 있음을 보여주었습니다. 실제로 우리는 그런 입자들을 관측할 수 있습니다. 정확한 이유가 무엇이었든 간에, 곧 수많은 사람들이 끈이론을 연구하기 시작했습니다. 잡종 끈이론이라는 개량된 이론이 개발되었고, 그 이론은 우리가 관측하는 입자 유형들을 설명할 수 있을 것 같았습니다.

끈이론들에서도 무한들이 산출되었지만, 그 무한들은 잡종 끈이론을 비롯한 개량된 이론들에서 모두 사라질 것이라고 여겨졌습니다. 그러나 끈이론들에는 더 큰 문제가 있지요. 그 이론들은 오로지 시공이 통상적인 4차원이 아니라 10차원 또는 26차원을 가져야만 일관성을 얻는 것 같습니다. 물론 과학소설에는 그런 추가 차원들이 흔하게 등장합니다. 심지어 거의 필수적으로 등장하지요. 그런 추가 차원들이 없으면, 상대성이론이 빛보다 빠른 여행을 허용하지 않는다는 사실 때문에, 다른 은하들로 여행하는 것은 고사하고 우리 은하를 가로지르는 데만도 너무 긴 시간이 걸릴 것입니다. 과학소설이 흔히 채택하는 아이디어는 더 높은 차원을 통과하는 지름길로 여행하는 것입니다.

우리가 사는 공간이 2차원이고 도넛의 표면처럼 휘어졌다고 상상해보자. 만일 여러분이 네 번째 차원에서 이동할 수 있다면, 도넛 표면을 따라 돌아가지 않고 지름길로 곧장 다른 면에 곧 갈 수 있을 것이다

이를 다음과 같이 상상할 수 있습니다. 우리가 사는 공간이 2차원이고 도넛의 표면처럼 휘어졌다고 상상해봅시다. 여러분이 도넛의 한편에 있는데 다른 편에 있는 한 지점으로 가고자 한다면, 고리를 따라 돌아가야 할 것입니다. 그러나 만일 여러분이 세 번째 차원에서 이동할 수 있다면, 지름길로 곧장 갈 수 있을 것입니다.

만일 그 추가 차원들이 실제로 존재한다면, 왜 우리는 그것들을 알아채지 못할까요? 왜 우리는 3개의 공간 차원과 1개의 시간 차원만 볼까요? 끈이론가들이 내놓는 대답은, 다른 차원들은 백만 곱하기 백만 곱하기 백만 곱하기 백만 곱하기 백만분의 1인치 정도의 아주 작은 공간 속에 감겨 있기 때문이라는 것입니다. 그 공간은 아주 작아서 우리가 알아챌 방도가 없습니다. 우리는 오직 공간 차원 3개와 시간 차원 1개만 보며, 그 차원들에서 시공은 완전히 평평합니다. 오렌지 껍질을 떠올리면 이해하기 쉬울 것입니다.

오렌지를 가까이서 바라보면, 그 표면은 온통 굴곡과 주름으로 가득합니다. 반면에 멀리서 바라보면, 굴곡이 보이지 않아 오렌지가 매끄럽게 보이지요. 시공도 마찬가지입니다. 매우 작은 규모에서 시공은 10차원이고 심하게 휘어졌습니다. 그러나 더 큰 규모에서는 굴곡이나 추가 차원들이 보이지 않습니다.

만일 이 설명이 옳다면, 우주여행을 꿈꾸는 사람들은 실망할 수밖에 없을 것입니다. 추가 차원들이 너무 작아서 우주선이 통과할 수 없을 테니

말입니다. 그러나 이 설명은 또 다른 큰 문제를 일으킵니다. 왜 일부 차원들은 작은 공 모양으로 감겨 있어야 할까요? 추측건대 매우 이른 시기의 우주에서는 모든 차원들이 매우 심하게 휘어져 있었을 것입니다. 왜 3개의 공간 차원과 1개의 시간 차원만 펴졌고 다른 차원들은 탄탄히 감긴 채로 머물렀을까요?

인본 원리에 의지한 한 가지 대답이 가능한데요. 2개의 공간 차원은 우리처럼 복잡한 존재의 발생을 허용하기에 충분하지 않은 듯합니다. 예를 들어 1차원 지구에 사는 2차원 사람들은 상대방을 지나쳐 가려면 그를 타고 넘어가야 할 것입니다. 2차원 생물은 먹이를 먹어도 완전히 소화할 수 없을 것이고요. 그런 생물은 먹이를 삼키는 통로와 배설물을 내보내는 통로가 동일해야 할 것입니다. 왜냐하면 그 생물의 몸을 관통하는 통로가 있다면, 생물의 몸이 두 부분으로 나뉠 것이기 때문입니다. 따라서 그 2차원 생물은 두 조각으로 갈라질 수밖에 없을 것입니다. 마찬가지로 2차원 생물 속에서 피가 순환할 수 있을지도 의문스럽습니다.

공간 차원이 4개 이상 되어도 문제가 생길 것입니다. 공간 차원이 그렇게 많으면 중력은 두 물체 사이의 거리가 증가함에 따라 3차원에서보다 더 빠르게 감소할 것입니다. 그러면 지구처럼 태양 주위를 도는 행성들의 궤도가 불안정하게 되고, 아주 작은 교란만 있어도 지구는 나선을 그리며 태양에 다가가거나 태양으로부터 멀어질 것입니다. 우리는 얼어버리거나 불타버릴 테지요. 게다가 태양도 불안정해질 것입니다. 태양은 분열하거나 블랙홀로 붕괴할 것입니다. 둘 중 어떤 경우가 실현되든 간에, 태양은 지구의 생명에 열과 빛을 공급하는 원천으로서 제 역할을 하지 못할 것입니다. 더 작은 규모에서는 전자가 원자핵 주위를 돌게 만드는 전기력이 중력과 마찬가지로 거리에 따라 더 빠르게 감소할 것입니다. 따라서 전자들은 원자를 완전히 벗어나거나 나선을 그리며 핵에 접근할 것입니다. 어느 쪽이든 간에, 우리가 아는 원자들은 존재할 수 없을 것입니다.

적어도 우리가 아는 생명은 3개의 공간 차원과 1개의 시간 차원이 작게 감기지 않은 그런 시공 구역에서만 존재할 수 있는 것 같습니다. 그러므로 만일 끈이론이 우주에 그런 구역이 존재하는 것을 최소한 허용한다는

▲

인본 원리는 인간과 기린처럼 복잡한 존재에게 2개의 공간 차원은 불충분하다는 점을 지적한다.

것을 증명할 수 있다면, 우리는 인본 원리에 호소할 수 있을 것입니다. 실제로 모든 끈이론들은 그런 구역을 허용합니다. 끈이론에 따르면 모든 차원들이 작게 감겨 있거나 4개보다 많은 차원들이 거의 평평한 구역들이 이 우주에 있을 수 있으며, 또는 그와 같은 차원을 지닌 다른 우주들다른 우주들이 무엇을 의미하건 간에이 있을 수도 있습니다. 그러나 그런 구역들에는 실효성을 가진 차원들의 개수를 관측할 지적인 존재들이 없을 것입니다.

겉보기에 시공이 가진 차원들의 개수에 대한 질문은 그런대로 해결한다 하더라도, 끈이론은 여전히 여러 문제들을 안고 있습니다. 그 문제들은 끈이론이 물리학의 궁극적인 통일이론으로 자처하기 전에 반드시 풀어야 하는 것들입니다. 우리는 아직 모든 무한들이 상쇄되는지 여부를, 혹은 정확히 어떻게 끈 위의 파동들을 관측되는 입자의 유형들과 연결할 수 있는지를 모릅니다. 하지만 이 질문들에 대한 대답은 곧 제시될 가능성이 높습니다. 우리는 얼마 후면 정말로 끈이론이 오랫동안 추구해온 물리학의 통일이론인지 여부를 알게 될 것입니다.

만물의 통일이론은 과연 존재할까요? 혹시 우리는 아지랑이를 잡으려 애쓰는 것이 아닐까요? 세 가지 가능성이 있을 것입니다.

- 완전한 통일이론이 실제로 존재하며, 우리가 충분히 영리하다면, 언젠가 우리는 그 이론을 발견할 것이다.

- 우주에 대한 궁극적 이론은 존재하지 않으며, 다만 우주를 점점 더 정확히 서술하는 이론들이 무한히 잇따를 것이다.
- 우주에 대한 이론은 없다. 특정한 범위 너머의 사건들은 예측될 수 없으며 무작위하고 자의적인 방식으로 일어난다

　어떤 이들은 세 번째 가능성을 지지할 것입니다. 만일 완결된 법칙들의 집합이 있다면, 신이 마음을 바꾸어 세계에 개입할 자유가 침해당할 것이라고 그들은 논증할 테지요. 다음과 같은 오래된 역설이 떠오릅니다. 신은 자기가 들어 올릴 수 없을 정도로 무거운 돌을 만들 수 있을까? 성 아우구스티누스가 지적했듯이, 신이 마음을 바꾸고자 할 가능성이 있다는 생각은 신을 시간 속에 있는 존재로 상상하는 오류의 한 예입니다. 시간은 신이 창조한 우주의 속성에 불과합니다. 추측건대 신은 애초부터 자기의 의도와 그 결과를 알았을 것입니다.

　양자역학이 등장하면서 우리는 사건들을 완전히 정확하게 예측하는 것은 불가능하며 항상 일정한 불확정성이 존재한다는 것을 깨닫게 되었습니다. 원한다면 이 무작위성을 신의 개입으로 해석할 수도 있을 것입니다. 하지만 그것은 매우 이상한 개입일 것입니다. 그 무작위성이 어떤 목적을 향한다는 증거는 없지요. 사실 무작위성이 어떤 목적을 향한다면, 무작위성은 무작위하지 않을 것입니다. 현대에 이르러 우리는 과학의 목표를 재정의함으로써 앞에서 말한 세 번째 가능성을 효과적으로 제거했

습니다. 우리의 목표는 불확정성 원리가 부과한 한계 내에서 사건들을 예측할 수 있게 해주는 법칙들의 집합을 제시하는 것입니다.

점점 더 나은 이론들이 무한히 잇따른다는 두 번째 가능성은 지금까지 우리의 모든 경험에 들어맞습니다. 많은 경우에 우리는 측정의 정밀도를 향상시키거나 새로운 종류의 관측을 하여 기존 이론이 예측하지 못한 새 현상들을 발견했습니다. 그 현상들을 설명하기 위하여 더 발전한 이론을 개발해야 했고요. 그러므로 지금 우리의 대통일이론이 더 크고 강력한 입자가속기를 이용한 실험에서 무너지더라도 크게 놀랄 일은 아닐 것입니다. 사실 우리가 그 이론의 몰락을 예상하지 않는다면, 더 강력한 입자가속기들을 건설하기 위해 그 많은 돈을 쓸 이유가 없을 테지요.

그러나 중력은 '상자 속에 상자'가 계속 들어 있는 것처럼 이론들이 계속 잇따르는 데 한계를 부여하는 듯합니다. 만일 플랑크 에너지로 불리는 $10^{19}$GeV보다 큰 에너지를 가진 입자를 확보할 수 있다면, 그 입자는 질량이 매우 집중되어 있어서 나머지 우주로부터 분리되어 작은 블랙홀을 형성할 것입니다. 따라서 우리가 점점 더 높은 에너지에 도달하는 동안에, 발전하는 이론들이 잇따르는 것도 언젠가는 한계에 이를 듯합니다. 우주에 대한 궁극적인 이론은 존재할 것입니다. 물론 플랑크 에너지는 현재 우리가 실험실에서 산출할 수 있는 최대 에너지인 약 100GeV보다 훨씬 더 큽니다. 플랑크 에너지에 도달하려면 태양계보다 큰 입자가속기가 필요할 것입니다. 현재의 경제 환경에서 그런 입자가속기를 건설하기 위한 자금이 마련될 가능성은 낮아 보입니다.

　그러나 매우 이른 시기의 우주는 그런 에너지들이 발생했을 것이 틀림없는 무대입니다. 저는 초기 우주에 대한 연구와 수학적 일관성을 확보하는 작업을 통해 완전한 통일이론에 도달할 가능성이 충분히 있다고 생각합니다. 물론 우리가 스스로 우리 자신들을 폭파시키지 않는다는 전제하에서 말입니다.

　우리가 실제로 우주에 대한 궁극적 이론을 발견한다면, 그 발견은 어떤 의미를 가질까요? 그것은 우주를 이해하기 위한 우리의 노력으로 이루어진 역사의 길고 찬란한 한 장이 마무리되는 것을 의미합니다. 또 그 발견은 우주를 지배하는 법칙들에 대한 일반인의 이해에도 혁명적인 변화를 가져올 것입니다. 뉴턴의 시대에는 교육을 받은 사람이 인류의 지식 전체를 적어도 개략적으로 파악하는 것이 가능했습니다. 그러나 그때 이후 과학의 발전 속도는 그것을 불가능하게 만들었습니다. 이론들은 새로운 관측들을 설명하기 위하여 항상 변화했고, 일반인이 이해할 수 있을 정도로 요약되고 단순화된 적이 한 번도 없습니다. 과학을 이해하려면 전문가가 되어야 했고, 전문가가 된다 해도 과학의 일부만 제대로 이해할 수 있었습니다.

　게다가 발전 속도가 너무 빨라, 학교나 대학에서 배운 내용은 항상 시대에 뒤처졌습니다. 오로지 소수의 사람들만 빠르게 진보하는 지식의 최전선을 따라잡을 수 있었지요. 그리고 그들은 자신의 시간을 다 바쳐 작은 영역을 전문적으로 연구해야 했습니다. 나머지 사람들은 그들이 산출하는 놀라운 지식과 진보에 대하여 아는 바가 거의 없었지요.

에딩턴의 말을 믿어도 좋다면, 지금으로부터 70년 전에는 단 두 사람만 일반상대성이론을 이해했습니다. 그러나 오늘날에는 대학을 졸업한 수만 명이 그 이론을 이해하고, 수백만 명이 최소한 그 이론의 핵심 아이디어에 익숙합니다. 일단 완전한 통일이론이 발견된다면, 그 이론이 일반상대성이론처럼 단순화되고 요약되는 것은 시간문제일 것입니다. 그러면 학교에서도 그 이론을 적어도 개론적으로 가르칠 수 있을 것이며, 우리 모두는 우주를 지배하며 우리 존재를 가능케 한 법칙들을 어느 정도 이해할 수 있을 것입니다.

아인슈타인이 이런 질문을 던진 적이 있습니다. "우주를 만들 때 신에게는 얼마나 많은 선택의 가능성이 있었을까?" 만일 무경계 조건이 옳다면, 신은 초기 조건을 선택할 자유가 전혀 없었습니다. 물론 신은 여전히 우주가 따를 법칙들을 선택할 자유가 있었을 것입니다. 하지만 그리 큰 선택의 자유는 아니었을 것입니다. 일관적이면서 지적인 존재를 허용하는 완전한 통일이론은 단 하나이거나 소수일 것입니다.

우리는 신의 본성에 대하여 질문할 수 있습니다. 설령 가능한 통일이론이 단 하나이고, 그것이 규칙들과 방정식들의 집합에 불과하다 하더라도 말입니다. 방정식들에 불을 뿜어 그 방정식들이 서술할 우주를 만든다는 것은 어떤 것일까요? 수학적 모형을 만드는 통상적인 과학의 접근법은 '왜 그 모형이 기술하는 우주가 있어야 하는가' 라는 질문에 대답할 수 없습니다. 왜 우주는 존재할까요? 통일이론은 자기 자신의 존재까지 도출할 수 있을 정도로 강력할까요? 아니면 통일이론에는 따로 창조자가 필요할까요? 만일 그렇다면 창조자인 신은 우주가 존재하도록 만드는 것 외에 다른 영향력도 발휘할까요? 또 신은 누가 창조했을까요?

지금까지 대부분의 과학자들은 우주가 무엇인가를 서술하는 새 이론들을 개발하느라 너무 바빠 왜 우주가 존재하는가 하는 질문을 던지지 못했습니다. 한편 왜냐고 묻는 것이 본분인 사람들, 곧 철학자들은 과학이론들의 진보를 따라잡을 수 없었습니다. 18세기에 철학자들은 과학을 비롯하여 인간의 지식 전체를 자신들의 영역으로 여겼습니다. 그들은 이런 문제들을 논했지요. 우주는 시작이 있을까? 그러나 19세기와 20세기에 과학은 소수의 전문가를 제외한 철학자나 일반인이 이해하기에는 너무 전문적이고 수학적인 것이 되었습니다. 철학자들은 탐구의 범위를 크게 줄였습니다. 20세기의 가장 유명한 철학자인 비트겐슈타인은 이렇게 말했지요. "철학에게 남은 유일한 과제는 언어분석이다." 아리스토텔레스에서 칸트로 이어진 위대한 철학의 전통이 이렇게까지 몰락할 수 있단 말입니까.

그러나 우리가 완전한 이론을 발견한다면, 소수의 과학자들뿐 아니라 모든 사람이 그 이론의 대략적인 원리를 이해할 수 있는 때가 도래할 것

입니다. 그때는 모든 사람이 왜 우주가 존재하는가에 관한 토론에 참여할
수 있을 것입니다. 우리가 이 질문에 대한 대답을 발견한다면, 그것은 인
간 이성의 궁극적인 승리일 것입니다. 그러면 신의 마음을 알 수 있을 테
니 말입니다.

# |찾|아|보|기|

**ㄱ**

가모브, 조지 Gamow, George 45

갈릴레이, 갈릴레오 Galilei, Galileo 17, 19, 121-122

고전 이론 Classical theory 11, 139, 140, 143, 175

골드, 토머스 Gold, Thomas 52

구스, 앨런 Guth, Alan 131-132, 135, 137

그린, 마이크 Green, Mike 181

끈이론 String theory 178, 180-181, 185, 187

**ㄴ**

뉴턴, 아이작 Newton, Issac 10, 19-22, 24, 37, 41, 62, 99, 190

**ㄷ**

대통일이론 Grand unified theory 11, 137, 139-140, 172-175, 187, 189-192

도플러효과 Doppler effect 38, 39, 50

디키, 밥 Dicke, Bob 45, 46

뜨거운 빅뱅 모형 Hot big bang model 122-124, 130

**ㄹ**

라일, 마틴 Ryle, Martin 53

라플라스, 마르키스 드 Laplace, Marquis de 62

로버트슨, 하워드 Robertson, Howard 48

로빈슨, 데이비드 Robinson, David 85

리프시츠, 예브게니 Lifshitz, Evgenii 54-55, 57

린데, 안드레이 Linde, Andrei 137-138


ㅁ

만물의 이론 Theory of everything → 대통일이론

무경계 조건 No boundary condition 120, 141, 146, 150-151, 158, 165, 168, 191

무모 정리 No-hair theorem 85

미셸, 존 Michell, John 62, 87


ㅂ

바딘, 짐 Bardeen, Jim 102

백색왜성 White dwarf 44, 70-72, 88

백조자리 X-1 Cygnus X-I 88-89, 100-101

베켄슈타인, 야코프 Bekenstein, Jacob 100, 102-103

벤틀리, 리처드 Bentley, Richard 21

벨, 조설린 Bell, Jocelyn 86

보른, 막스 Born, Max 174

보편중력(만유인력)이론 Law of Universal gravitation 20

본디, 허먼 Bondi, Hermann 52

블랙홀 Black hole 5-6, 8, 10-11, 44, 56, 60-65, 75-117, 121, 147, 167, 176, 185

비트겐슈타인, 루트비히 Wittgenstein, Ludwig 192

빅뱅 Big bang 8, 10-11, 28, 50-52, 54-57, 72, 80, 95, 120-124, 127, 128-131, 136, 149


ㅅ

사건의 지평선 Event horizon 76-77, 81-82, 94-97, 100-102, 104, 167

선택 원리 Selection principle 130

성 아우구스티누스 St. Augustine 27, 188

《세계의 체계 The System of the World》 62

셰르크, 조엘 Scherk, Joel 180

손, 킵 Thorne, Kip 89

슈미트, 마르텐 Schmidt, Maarten 86

슈바르츠실트, 카를 Schwarzschild, Karl 82

슈워츠, 존 Schwarz, John 180-181

스타로빈스키, 알렉산드르 Starobinsky, Aleksandr 102-103

스펙트럼 Spectrum 37-38, 103

시간의 화살 Arrows of time 6, 157-158, 161, 164, 166

《신국 The City of God》 27

실수 시간 Real time 140-141, 147, 150

심리적 화살 Psychological arrow 158, 161-162, 166, 168


ㅇ

아리스토텔레스 Aristoteles 14-16, 19, 27, 37, 192

아인슈타인, 알베르트 Einstein, Albert 10-11, 41-42, 57, 64-65, 71, 104, 132, 169, 173-174, 191

양자역학 Quantum mechanics 11, 61, 113-115, 117, 146, 175, 188

양자역학의 불확정성원리 Quantum mechanical uncertainty principle 11, 49, 104, 150-151, 154, 165, 172, 174-176, 188-189

양자중력 이론 Quantum gravity 115, 137, 139, 143-145, 164-165

에딩턴, 아서 Eddington, Arthur 69, 71, 168, 191

엔트로피 Entropy 94, 97-100, 103-104, 158

열역학 제2법칙 Second law of thermodynamics 94, 97-100, 103, 106, 158, 162

열역학적 화살 Thermodynamic arrow 154, 158-159, 162, 164, 166, 167-168

오펜하이머, 로버트 Oppenheimer, Robert 74

올베르스, 하인리히 Olbers, Heinrich 24, 26

우주상수 Cosmological constant 42, 132, 135, 169, 176

워커, 아서 Walker, Arthur 48

원자폭탄 프로젝트 Atomic bomb project 74

웜홀 Worm hole 79

위크스, 트레버 Weekes, Trevor 112

윌슨, 로버트 Wilson, Robert 43, 45-46, 53, 124

유클리드 시공 Euclidean space-time 140-143

이스라엘, 워너 Israel, Werner 80, 82, 84

인본원리 Anthropic principle 130, 138, 184, 186-187

인플레이션 모형 Inflationary model 131, 133, 137-138, 147, 150-151

일반상대성이론 General relativity 11, 41-43, 49-50, 55-57, 64-65, 69-70, 74, 77-78, 82, 84-85, 113-115, 129, 132, 139, 146-147, 163-164, 172, 175-177, 180-181, 191

ㅈ

적색편이 Red-shift 38-39, 46-47, 78, 86, 101

정상우주론 Steady state theory 52-53

중성자별 Neutron star 44, 70-71, 87-88, 127

ㅊ

찬드라세카르 한계 Chandrasekhar limit 70-72, 74, 89

찬드라세카르, 수브라마니안 Chandrasekhar, Subrahmanyan 69-71, 74, 88

청색편이 Blue-shift 38

첼도비치, 야코프 Zeldovich,Yakov 102-103

ㅋ

카터, 브랜던 Carter, Brandon 84, 102

칸트, 임마누엘 Kant, Immanuel 192

칼라트니코프, 이작 Khalatnikov, Isaac 54-55, 57

커, 로이 Kerr, Roy 84

케플러, 요한네스 Kepler, Johannes 17, 19

코페르니쿠스, 니콜라우스 Copernicus, Nicholaus 17-
18, 21

퀘이사 Quasar 86

ㅌ

테일러, 존 G. Taylor, John G. 113

통일이론 Unified theory -〉 대통일이론

특이점 Singularity 50, 54-57, 78-82, 95, 115, 129,
139, 143, 147, 150, 152, 163, 165

ㅍ

파인먼, 리처드 Feynman, Richard 115, 140-141

펄서 Pulsar 87

펜로즈, 로저 Penrose, Roger 56-57, 78-79, 82, 95, 97

펜지어스, 아노 Penzias, Arno 43, 45-46, 53, 124

포터, 닐 Porter, Neil 112

프리드만 모형 Friedmann models 47-50, 54-57, 122

프리드만, 알렉산드르 Friedmann, Aleksandr 42, 48

프리드만의 가설 Friedmann's assumption 42-47

《프린키피아 Philosophiae Naturalis Principia
Mathematica》 19

프톨레마이오스 Ptolemaeos 14-19, 21, 37

피블스, 짐 Peebles, Jim 45-46

ㅎ

하틀, 짐 Hartle, Jim 144

하틀리, L. P. Hartley, L. P. 155

허블, 에드윈 Hubble, Edwin 7, 27-28, 32-34, 38, 43,
47-48

허수 시간 Imaginary time 140-141, 143, 146, 147,
150

호일, 프레드 Hoyle, Fred 52

호킹, 루시 Hawking, Lucy 95

휠러, 존 Wheeler, John 61, 82, 90

휴이시, 앤서니 Hewish, Anthony 86

## |이||미||지||출||처|

25, 63, 134, 142, 147, 156, 179, 182, 186쪽의 일러스트는 Rob Fiore의 작품이며, 그 외의 일러스트는
임익종의 작품이다.

### 사진

18쪽 : Historical Cosmologies - SHEILA TERRY/SCIENCE PHOTO LIBRARY

23쪽 : Quintuplet Cluster (1999) - NASA, Don Figer, STScI

35쪽 : Fireworks of Star Formation Light Up a Galaxy - NASA, The Hubble Heritage Team

36쪽 : Faint Blue Galaxy (1995) - Rogier Windhorst and Simon Driver (Arizona State University), Bill Keel
(University of Alabama), NASA

40쪽 : Rotket - NASA

44쪽 : Milky way (2001) - NASA/Umass/D.Wang et al

65쪽 : Einstein Ring - JON LOMBERG/SCIENCE PHOTO LIBRARY

66쪽 : Young stars forming - NASA

67쪽 : Life Cycle of Stars/Supernova (1999) - NASA, Wolfgang Brandner JPL-IPAC, Eva K. Grebel University
of Washington

68쪽 : Dying Star (2002) - NASA, The Hubble Heritage team (STScI/AURA)

72쪽 : White Dwarf Stars (2001) - NASA, H.Richer (University of British Colombia), credit for ground-based
photo: NOAO/AURA/NSF

73쪽 : Gravity and Stars (1999) - NASA, The Hubble Heritage team, STScI, AURA

75쪽 : Ways to Grow A Black Hole - K. Cordes & S. Brown (STScI)

81쪽 : Astronaut (1994) - NASA

83쪽 : Black Hole Mass (2000) - NASA, Karl Gebhardt (Lick Observatory)

101쪽 : Event Horizon (2001) - Greg Bacon (STScI/AVL)

109쪽 : Black Hole Emission (1990) - Dana Berry (STScI)

116쪽 : Astronaut II (1994) - NASA

126쪽 : Spiral Galaxy - NASA, The Hubble Heritage team, STScI, AURA

145쪽 : Earth Surface (2002) - NASA

149쪽 : Fireworks Finale of Stars (2002) - NASA, K. Lanzetta (SUNY), artwork by A. Schaller for STScI

**옮긴이 전대호**

서울대 물리학과를 졸업하고, 동 대학원 철학과에서 박사과정을 수료했다. 독일 쾰른에서 철학을 공부했다. 1993년 조선
일보 신춘문예 시 부문에 당선되어 등단했으며, 시집으로 《가끔 중세를 꿈꾼다》, 《성찰》이 있다. 《천재들이 가지고 노는
수학책》, 《수학의 언어》, 《푸앵카레의 추측》, 《유클리드의 창》 외 여러 권의 책을 우리말로 옮겼다.

스티븐 호킹의
청소년을 위한 시간의 역사

**초판  1쇄 발행** 2009년 9월 28일
**초판 34쇄 발행** 2024년 8월 26일

**지은이** 스티븐 호킹  **옮긴이** 전대호

**발행인** 이봉주  **단행본사업본부장** 신동해  **편집장** 김경림
**책임편집** 이민경  **교정** 이원희  **디자인** cokkiri  **일러스트** 임익종
**마케팅** 최혜진 이은미  **홍보** 반여진 허지호 송임선
**국제업무** 김은정  **제작** 정석훈

**브랜드** 웅진지식하우스
**주소** 경기도 파주시 회동길 20
**문의전화** 031-956-7430(편집) 02-3670-1123(마케팅)
**홈페이지** www.wjbooks.co.kr
**인스타그램** www.instagram.com/woongjin_readers
**페이스북** https://www.facebook.com/woongjinreaders
**블로그** blog.naver.com/wj_booking

**발행처** ㈜웅진씽크빅
**출판신고** 1980년 3월 29일 제406-2007-000046호

**한국어판 출판권** ⓒ 웅진씽크빅 2009
ISBN 978-89-01-10116-3  43440